JOSEPH SUE

HENRI LE CHANCELIER

SOUVENIRS

D'UN VOYAGE DANS L'AMÉRIQUE CENTRALE

PARIS

PAGNERRE, LIBRAIRE-ÉDITEUR

RUE DE SEINE, 18

1857

HENRI

LE CHANCELIER

SAINT-DENIS. — TYPOGRAPHIE DE DROUARD.

JOSEPH SUE

HENRI LE CHANCELIER

SOUVENIRS

D'UN VOYAGE DANS L'AMÉRIQUE CENTRALE

PARIS
PAGNERRE, LIBRAIRE-ÉDITEUR
RUE DE SEINE, 18

1857

PRÉFACE

Y a-t-il encore des personnes qui se donnent la peine de lire une préface? Je serais très-embarrassé de répondre à cette question. Pour ma part, je confesse en avoir rarement lu, et quand cela m'est par hasard arrivé, je dois avouer que je ne le faisais qu'après avoir terminé la lecture de l'ouvrage, et je sais bon nombre de personnes qui en font autant. La préface est donc peut-être indispensable. Dans tous les cas, c'est un usage que la plupart des auteurs se croient obligés de suivre. Un jour, un de mes amis alla proposer un ouvrage à un éditeur renommé de la capitale. Au bout d'une semaine, l'auteur recevait une lettre conçue en ces termes : « Monsieur, je n'ai pas eu le temps de prendre connaissance de votre manuscrit ; ayez la bonté de m'envoyer la préface que vous avez oubliée. J'ai l'honneur de vous saluer... etc. » Mon ami se hâta de satisfaire à la demande du libraire, et lui envoya une préface digne d'un académicien. Nouvelle lettre de l'éditeur : « Monsieur, votre préface est trop longue, je n'aurai jamais le temps de la lire ; je vous prie de vouloir bien la réduire de moitié. » Mon pauvre ami fut obligé de se conformer à l'exigence de l'homme qui lui achetait son manuscrit ; il réduisit sa préface des deux tiers et la renvoya le lendemain. Un mois se passa ; l'auteur n'entendit pas plus parler de son manuscrit que s'il l'eût adressé à l'un de ces directeurs de journaux illustrés qui gardent des articles pendant des années avant de les publier comme *actualités*. Enfin, mon ami reçoit une troisième lettre : « Monsieur, j'ai enfin pu lire votre préface ; la peine que vous prenez auprès des lecteurs pour faire excuser votre œuvre me fait renoncer à l'idée d'en faire la publication. Ne vous en prenez donc qu'à vous seul. J'ai le regret de vous renvoyer votre manuscrit... »

Cette petite anecdote me tiendra lieu de préface. Je n'ajouterai qu'un mot : *L'Histoire d'Henri le chancelier est vraie d'un bout à l'autre.*

J. SUE.

CHAPITRE I.

Le Départ.

Au mois de janvier 184..., le *Moniteur officiel*, un peu moins lu qu'aujourd'hui, annonçait le départ de M. X..., consul, pour Guatemala, dans l'Amérique centrale [1], et de M. Henri A..., chancelier. Perdues entre

[1] Sous le nom d'Amérique centrale on désigne aujourd'hui cette portion du nouveau monde qui s'étend entre le Mexique au N. et la nouvelle Grenade au S. et se trouve bornée par l'océan Pacifique à l'O. et par la mer des Antilles à l'E. l'Amérique centrale est formée par l'ancienne *Capitainerie Générale de Guatemala,* qui en 1821 secoua le joug de l'Espagne et devint une république fédérale formée par les Etats de Guatemala, Salvador, Honduras, Nicaragua et Costa-Rica. Ces quatre derniers Etats n'étaient que des provinces à l'époque de la domination espagnole. A la suite de longues guerres intestines, ces Etats rompirent leur pacte fédéral, et aujourd'hui ils sont divisés et forment autant de petites républiques séparées dont celle de Guatemala est la plus importante.

L'Amérique centrale est généralement mal ou pas connue, et

d'autres nouvelles officielles plus ou moins importantes, ces nominations n'attirèrent l'attention que de quelques employés du ministère des Affaires étrangères et ne tardèrent pas à être oubliées. A cette époque, la politique européenne occupait tous les esprits, et la question d'Orient soulevait chaque jour dans la Chambre des députés des orages plus ou moins menaçants pour le ministère et ravivait l'animosité des partis. Les événements qui se passaient alors dans cette partie du nouveau monde, où nous transporterons bientôt le lecteur, restaient complétement ignorés de la France. Seule entre toutes les puissances du vieux continent, l'Angleterre, connaissant l'importance de ces contrées lointaines et prévoyant le parti avantageux qu'elle pourrait tirer quelque jour de leurs discordes, autorisait son chargé d'affaires à s'immiscer dans les

si l'on s'en occupe un peu aujourd'hui, c'est par suite des singuliers événements dont l'Etat de Nicaragua est le théâtre depuis bientôt trois ans, et dont l'aventurier Walker est momentanément le héros. Mais, hâtons-nous de le dire, les exploits du flibustier américain dont la presse nous donne chaque mois des relations tronquées et presque toujours exagérées soit en faveur de ce dernier, soit à l'avantage du Centre-Amérique, sont difficilement compris des lecteurs qui ne connaissent en général rien de l'histoire ni des coutumes de ces contrées lointaines, et qui ne sauraient dès lors s'y intéresser. Les événements que nous allons raconter se sont passés il y a environ huit ans dans la république de Guatemala. Nous espérons qu'ils serviront à faire connaître assez exactement l'histoire politique et les mœurs de ce beau pays et exciteront quelque peu l'intérêt de nos lecteurs.

affaires politiques du Centre-Amérique, et à commettre des actes vexatoires dont ce pays a gardé le douloureux souvenir. Les Anglais possédaient depuis plusieurs années dans la baie de Honduras une importante colonie, qui s'agrandissait chaque jour par de nouvelles usurpations de territoire. Ils méditaient déjà le ridicule protectorat de la côte du Mosquitos et l'usurpation du port de San-Juan de Nicaragua, l'entrée de ce grand canal qui devra quelque jour réunir les deux océans et deviendra l'entrepôt des deux mondes. Fomenter la désunion entre les cinq États de l'Amérique centrale, qui combattaient pour rétablir la fédération, appuyer les injustes réclamations de quelques sujets anglais par des blocus continuels, fermer au commerce les ports des États qui cherchaient à renouer le pacte fédéral et combattaient le parti contraire à Guatemala, telle était la politique suivie par la Grande-Bretagne dans cette partie du nouveau monde, politique parfaitement interprétée par le consul Chatfield qui exerçait la plus grande influence sur le gouvernement de Guatemala. Dans de semblables circonstances, on eût pu faire quelque chose en faveur de l'Amérique centrale et contrebalancer l'influence anglaise. Le rôle que devait y jouer son représentant ne fut compris que quelques années plus tard par M. Baradère. Malheureusement il ne manquait à ce ministre distingué que l'appui de son gouvernement. Après la révolution de 1848, M. Baradère revint en France au moment où la république de

Guatemala était déchirée par la guerre civile. Nous ne pousserons pas plus loin ce préambule que nous avons jugé nécessaire pour faire comprendre de nos lecteurs la situation de l'Amérique centrale au moment où commence ce récit.

Henri A..., nommé à la chancellerie de Guatemala, était un charmant jeune homme, dans l'acception rigoureuse de ce mot. Il comptait à peine vingt-trois ans, quand au sortir de l'école de droit, il se voua à la carrière diplomatique. D'une taille au-dessus de la moyenne, élégante, d'une figure distinguée et sympathique, il savait donner à sa physionomie, mâle et altière à première vue, je ne sais quelle expression remplie de charmes qui lui attirait promptement la sympathie de ceux qui avaient l'occasion de se trouver en rapport avec lui. Son front vaste et découvert indiquait une grande intelligence mêlée à beaucoup d'énergie; le feu de ses beaux yeux noirs accusait une ardeur peu commune. Enfin ses manières affables et courtoises révélaient une éducation distinguée et l'usage du grand monde. Tel était le jeune chancelier qui se séparait, au mois de janvier 184..., d'une excellente mère, veuve d'un employé du ministère des Affaires étrangères. Des circonstances difficiles forçaient cette pauvre femme à regarder le départ de son fils unique comme un sacrifice indispensable, sacrifice qui serait bien amplement récompensé par une brillante position qu'Henri, grâce à ses capacités, ne tarderait pas à occuper. Tout semblait indiquer en effet que le jeune homme ferait quelque jour l'orgueil de sa vieille mère, en même temps que son soutien. Telles étaient ses espérances, et rien n'indiquait qu'elles ne dussent pas se réaliser. Nous ne parlerons pas de ces touchants adieux, qui n'ont pas besoin de description pour être compris. La mère désolée, cherchait à réprimer sa douleur et à suffoquer ses larmes. Henri parlait d'un retour prochain, promettait de donner souvent de ses nouvelles et cherchait à consoler celle qui s'efforçait en vain de faire croire à sa résignation. Des amis du père de Henri l'avaient chaudement recommandé auprès du ministre. Ils n'avaient pu obtenir pour leur jeune protégé qu'une place de chancelier vacante, mais on promettait de ne pas perdre celui-ci de vue, et il était probable que, grâce à ses capacités, il serait nommé au bout de deux ou trois ans dans un consulat de deuxième ordre.

Malheureusement ces prévisions ne devaient jamais s'accomplir. La pauvre veuve étreignait pour la dernière fois son fils dans ses bras !

Le hasard, qui se mêle un peu de tout dans ce bas-monde, voulut que le consul qu'envoyait le gouvernement français au Centre-Amérique fût un homme d'un caractère peu sociable et diamétralement opposé à celui de son chancelier. M. X... n'était plus de la première jeunesse; presque inconnu dans sa carrière consulaire, il se croyait digne d'un poste plus important que celui de Guatemala, et partait plus préoccupé de son retour que de son arrivée et de la mission dont on l'avait chargé. Comme cela arrive presque toujours, le consul et le chancelier ne se connaissaient pas, ils se rencontrèrent pour la première fois en mettant le pied sur le navire qui devait les mener d'abord à la Havane. C'était un vendredi. Le navire ne put mettre à la voile ce jour-là à cause du mauvais temps et non à cause du *jour*, comme quelques personnes superstitieuses pourraient le penser. Quoi qu'il en soit, la rencontre de nos deux agents diplomatiques eut lieu ce jour-là, et elle fut vraiment fatale au jeune Henri. Celui-ci s'adressa à un jeune officier du navire, qui se trouvait être de quart, pour lui demander si M. le consul de Guatemala était arrivé. L'officier lui répondit :

— C'est probablement ce grand monsieur qui se promène depuis une heure sur le pont sans adresser la parole à qui que ce soit, et qui n'aime pas les chiens...

— Comment? fit Henri, qui ne comprenait pas le sens de cette dernière phrase.

— Comment! Je vais vous conter cela. Quand je dis que ce monsieur n'aime pas les chiens, c'est que j'en ai la preuve. Soit par mégarde, soit avec intention, il a d'abord mis le pied sur la patte de *Pataud*, le chien du bord, animal très-doux et parfaitement inoffensif, mais qui a la mauvaise habitude de flairer les jambes des nouveaux arrivés. Sans doute, votre consul aura eu peur, et vous comprenez....

— Oh! parfaitement, répliqua Henri ; mais jusqu'ici

vous ne pouvez pas être bien certain, ajouta-t-il en riant, que le consul soit ennemi de la race canine.

— Laissez-moi vous conter ce qui suit, reprit l'officier. Le commandant nous avait prévenus que nous aurions deux passagers pour la Havane, le consul de France à Guatemala et son chancelier ; c'est probablement vous, monsieur, fit le marin en s'inclinant. — Votre serviteur, répondit Henri.

— Eh bien! donc, on avait fait préparer deux cabines. Ce monsieur, sans nous faire l'honneur de s'annoncer et croyant sans doute que nous devions deviner qui il était, arrive ce matin flanqué d'un domestique et d'un chargement de bagages. Nous étions tous occupés à mettre nos cabines en ordre, le commandant n'était pas là ; bref, le consul attend environ une demi-heure sur le pont, sans qu'aucun de nous songeât à lui demander ce qu'il voulait. Nous avons cru un moment que c'était quelque fournisseur qui venait parler au commissaire et nous ne nous en inquiétâmes pas. Ce ne fut qu'après avoir entendu les hurlements de Pataud que je montai et que j'appris du domestique que c'est la personne que vous cherchez... J'allai à lui, je le priai de nous excuser et je le fis conduire à sa cabine ; mais Pataud eut la malencontreuse idée de se fourrer encore une fois entre ses jambes, et votre consul lui a allongé un formidable coup de pied... Or, j'en conclus, mon cher monsieur, que votre consul n'aime pas les chiens.

Pour moi, c'est un mauvais signe, et cela me donne une mauvaise opinion de votre supérieur...

— Mon supérieur ! jusques à un certain point, répliqua aussitôt Henri en se redressant. Son grade est effectivement supérieur au mien : il est consul, moi chancelier, mais ma position est plus indépendante que vous ne croyez...

— Je ne dis pas ; mais vous devez vous trouver constamment avec lui, faire un long voyage en sa compagnie, et je vous avoue que sa figure ne me revient pas.

— J'espère bien que nous nous entendrons mieux ensemble que lui avec Pataud, reprit Henri en souriant.

— Je le désire, Monsieur ; mais rappelez-vous qu'il n'y a pas grand chose de bon à attendre d'un homme qui bat un pauvre chien comme Pataud ; c'est du moins mon opinion, je ne demande pas mieux que de me tromper.

Les personnes qui ont voyagé sur mer et connaissent les habitudes du bord ne s'étonneront pas de l'importance qu'attachait un jeune marin à l'acte d'impatience ou de brutalité, comme on voudra l'appeler, qu'il reprochait au consul et qu'il avait gardé sur le cœur. Le chien du bord est l'ami intime des matelots, la distraction de l'état-major et pour ainsi dire l'enfant gâté du navire.

Comme on le pense bien, Henri n'attacha pas grande

importance à la relation que venait de lui faire l'officier de quart, et il se dirigea lestement sur l'avant du navire où se trouvait arrêté en ce moment le consul X..., examinant dans tous ses détails le bâtiment sur lequel il allait passer une quarantaine de jours.

M. X... n'avait pas aperçu Henri qui attendait à une distance respectueuse, le chapeau à la main, qu'il se tournât de son côté pour lui faire sa première visite et lier connaissance...

Diable de temps! disait à haute voix M. X..., comme s'il se fût adressé à quelqu'un : encore un jour de perdu, et ce monsieur qui ne paraît pas!... C'est vraiment inouï... Puis se tournant tout à coup pour continuer sa promenade, il se rencontra en face de Henri qui avait entendu *ses dernières réflexions*...

— C'est à M. X..., consul de France à Guatemala, que j'ai l'honneur de m'adresser, dit Henri en s'inclinant.— Oui, Monsieur, répondit le consul, et c'est sans doute *mon* chancelier que j'ai l'honneur de voir pour la première fois... Soyez le bienvenu, Monsieur, vaut mieux tard que jamais!... Et après une pause, il tendit la main à Henri, à qui il coûta quelque peu de la serrer faiblement dans la sienne. En effet, cette réception n'était pas très engageante : le ton avec lequel M. X... venait de s'exprimer n'avait pas été effacé par une poignée de main assez tardive, et à juger par les apparences, Henri comprenait qu'il avait affaire à un personnage peu commode. Cette première impression passée, Henri expliqua à M. X... les retards qu'il avait éprouvés et qui l'avaient empêché de se rendre plus tôt auprès de lui. Il ajouta qu'avant de partir de Paris il avait eu l'honneur d'être appelé auprès du ministre, qui l'avait chargé de quelques lettres pour la Havane où la frégate devait aller en station.

M. X... parut assez étonné qu'on eût chargé *son* chancelier d'un semblable message au lieu de s'être adressé à lui ; mais il comprit bientôt que ces lettres n'étant pas des *dépêches*, sa dignité de consul ne pouvait s'en offusquer. — Après un moment de silence, M. X... se déridant quelque peu, complimenta Henri d'avoir obtenu, *si jeune encore*, une place aussi importante que celle de chancelier ; lui parla longuement du pays qu'ils allaient habiter tous deux comme représentants de la France et protecteurs des sujets français encore bien peu nombreux dans l'Amérique centrale. — Il me tarde bien d'arriver à Guatemala, disait-il ; les dernières nouvelles que nous avons reçues de ce pays ne sont pas rassurantes et nous aurons probablement beaucoup de peine à arriver sans encombre dans cette ville perdue dans les terres à près de cent lieues de la côte, entourée de peuplades rebelles ; mais ce n'est pas là ce que je crains le plus : la frégate va nous laisser à la Havane, et nous devons attendre peut-être un mois avant de profiter d'une occasion pour Bélize ou Yzabal..... Je ne vous dissimule pas que le séjour de la Havane est souvent fatal aux nouveaux débarqués, surtout aux jeunes gens, et je prends la liberté dès à présent de vous recommander une extrême prudence pour ne pas attraper la fièvre jaune... Vous êtes jeune et robuste, et par conséquent plus exposé que moi aux atteintes de cette cruelle maladie...

Henri regarda avec attention le consul et chercha à lire dans sa physionomie le sens qu'il devait attacher à cette recommandation passablement anticipée ; mais il ne put y réussir. Le consul avait une de ces figures impassibles qui ne laissent rien deviner des impressions de l'âme, et notre jeune homme se contenta de lui adresser, pour sa sollicitude, quelques phrases banales qui furent bientôt interrompues par les préparatifs de l'appareillage. Le vent était devenu bon et le commandant de la frégate, qui n'était pas moins pressé de mettre à la voile que le consul de sortir du port, donna l'ordre de déraper l'ancre. Quelques instants après, Henri prenait congé du consul et allait s'installer dans la cabine qu'on lui avait désignée pour mettre un peu d'ordre à ses affaires et se préparer aux premières épreuves du mal de mer qui ne devait pas tarder à le jeter dans cet état de malaise abrutissant qui ôte à l'homme toutes ses facultés intellectuelles.

Rien d'extraordinaire ne se passa durant la traversée de Brest à la Havane. Après trois ou quatre jours de vents contraires, la frégate, favorisée par un beau temps, gagna bientôt les vents alisés. Trente-huit jours après son départ, elle jetait l'ancre devant la Havane à 6 heures du soir, au moment où le soleil des tropiques se couchait dans un horizon de feu.

Malade pendant la plus grande partie du voyage, M. X... n'avait échangé que peu de paroles insignifiantes avec son chancelier. Celui-ci s'était promptement lié avec les officiers de la frégate dont il avait su gagner la sympathie ; aussi, pour lui, la traversée lui avait semblé très-courte, et n'était-ce pas sans tristesse qu'il contemplait le magnifique panorama de la Havane se dessinant à un mille devant lui. Il songeait que dans quelques heures il allait se séparer de ses compagnons de voyage qu'il ne reverrait sans doute jamais.

Semblable chose arrive chaque jour sur mer. Pendant deux ou trois mois, et quelquefois plus, de séjour au milieu de l'Océan, on mène en commun une existence sans cesse entourée de dangers avec des personnes qui deviennent bientôt des connaissances intimes, pour ne pas dire des amis ; on vit dans leur intimité, on s'initie à leurs secrets, on finit par connaître à fond leur caractère, et l'on s'intéresse à leur sort... Hélas ! une fois les dangers passés, une fois le navire dans le port, les passagers semblent ne plus se connaître, c'est à qui descendra le premier et se hâtera davantage de sortir du bâtiment... puis, bientôt tous se dispersent, quelquefois même sans se dire adieu, et, presque toujours, l'on ne se reverra jamais.

Le lendemain, à 9 heures, la frégate faisait son entrée dans le port de la Havane, saluée par les batteries d'un vaisseau espagnol en station, et allait jeter l'ancre près du débarcadère de *Casa Blanca*.

CHAPITRE II.

La Havane.

L'île de Cuba porte à juste titre le surnom de *Reine des Antilles*. Découverte par Cristobal Colon en 1492, elle fut conquise plus tard par Velasquez et devint une colonie espagnole dont la capitale fut d'abord Baracoa, puis Santiago de Cuba. Elle est située entre les 17° 48′ et 23° 12 de lat. N., et entre les 76° 30′ et 87° 8 de longitude. Elle a environ 216 lieues de long, 30 dans sa plus grande largeur, et de 7 à 8 dans sa plus petite. Sa circonférence totale est de 573 lieues. Privilégiée par sa position géographique, par la fertilité de son sol, par le génie industriel de ses habitants, par ses magnifiques ports, et surtout par celui de la Havane, Cuba n'a pas de rivale entre toutes les colonies du monde.

La prospérité de cette île magnifique va chaque jour croissant et il est probable que l'Espagne est trop intéressée à en conserver la jouissance pour ne pas accorder, dans de sages limites, quelques-unes des concessions que demandent ses habitants. Les Américains du Nord entretiennent avec cette colonie des rapports journaliers et d'une importance immense. On connaît les efforts qu'ils ont faits pour la rendre indépendante et l'annexer quelque jour à la grande République. Mais l'Espagne est sur ses gardes, et nous espérons pour elle qu'elle est en mesure de repousser toute attaque de l'extérieur et étouffer toute espèce de conspiration à l'intérieur.

A l'époque où commence ce récit, la Havane venait à peine d'entrer dans cette voie de progrès et d'améliorations dans laquelle nous la trouvons aujourd'hui ; grâce à l'énergie de son capitaine général, grâce aux capacités du général Tacon, cette cité devenait la ville la plus sûre, la plus élégante et la plus animée de l'Amérique espagnole. Avant Tacon, insalubre et mal tenue, c'était un repaire de voleurs et d'assassins. A peine le soleil couché, il était imprudent de traverser les rues sans armes, et il ne se passait pas de jour qu'on ne relevât trois ou quatre cadavres de gens assassinés. Depuis, les choses ont bien changé. La Havane offre plus de sûreté que les villes les plus importantes de l'Espagne.

Les bienfaits du général Tacon n'ont pas été oubliés. Son nom est encore dans toutes les bouches des Havanais. Une magnifique promenade que l'Europe pourrait envier, un théâtre superbe approprié au climat portent son nom. Les capitaines généraux qui lui ont succédé se sont vus obligés de poursuivre son œuvre, et jaloux de mériter la reconnaissance des colons, ils ont fait exécuter des travaux qui ajoutent chaque jour à la splendeur de l'île de Cuba et à la gloire du gouvernement espagnol.

Deux forts importants commandent les passes de la Havane : ce sont le *Moro* et la *Cabana*. Au delà d'un petit chenal, se développe le port immense, d'une forme presque ovale, où se pressent plus de trois mille navires de toutes les nations. Il est difficile de se faire une idée du mouvement de cette petite mer intérieure et de l'aspect tout à la fois imposant et enchanteur de la ville. Si, en mettant le pied à terre, on rencontre des rues trop étroites et des édifices moins beaux qu'on ne se les était figurés, c'est que l'on se trouve dans l'ancienne ville, très-améliorée du reste depuis quelques années; mais si l'on sort des remparts, ce sont des quartiers magnifiques traversés par d'admirables promenades et des édifices somptueux. C'est au *Cerro* qu'il faut aller pour admirer des demeures dont la construction, l'ampleur et la richesse n'ont pas de rivales en Europe.

Si en 1840 la Havane ne présentait pas aux regards du voyageur autant de sujets d'animation qu'aujourd'hui et autant de perfectionnements divers, elle n'était pas moins remarquable par l'activité de son commerce, la beauté de ses promenades et le luxe de ses habitants. M. X... et Henri A... firent leurs adieux au commandant et aux officiers de la frégate et allèrent loger chez le consul de France, qui les reçut comme cela devait être, avec autant de plaisir que d'urbanité. Comme l'avait prévu M. X..., il n'y avait pas de navire en partance pour l'Amérique centrale, et il devait se résigner à attendre le retour d'une goëlette qui resterait au moins une vingtaine de jours dans le port avant de reprendre la mer. Ce contre-temps exaspéra notre consul, et peu s'en fallut qu'il ne frétât un petit navire pour se rendre à son poste; mais il fut retenu par la considération des dépenses que ce projet devait nécessairement entraîner. Henri voyait ce retard d'autant plus volontiers, qu'il espérait passer quelques moments agréables avec les officiers de la frégate et jouir le plus possible en leur compagnie de son séjour à la Havane. Il apprit bientôt qu'il ne mènerait pas joyeuse vie à Guatémala, dont les nouvelles reçues récemment à la Havane n'avaient rien de rassurant, et il ne voulut pas perdre l'occasion qui lui était offerte de fréquenter l'élégante société havanaise et de remplir le mieux possible ces derniers jours de *congé*, comme il les appelait lui-même. Les lettres que lui avait confiées le ministre à son départ lui servirent de recommandation chez plusieurs négociants français et espagnols, et il reçut un si grand nombre d'invitations, qu'un mois lui parut bien court pour y faire honneur. Henri possédait déjà quelques notions de la langue espagnole. Ses bonnes manières le firent rechercher dans les salons des personnages les plus distingués de la ville. Comme étranger, et surtout comme beau cavalier, il sut facilement gagner la bonne volonté du beau sexe créole, dont la grâce et l'amabilité ont un tel attrait, qu'on ne les oublie jamais quand on a été assez heureux pour être à même de les apprécier. Rarement Henri se trouva dans le monde avec M. X..., et lorsque cela arrivait, il éclipsait tellement le consul, que celui-ci ne lui pardonna point.

M. F..., riche Français, possédait à Marianao, joli petit village des environs de la Havane, une magnifique propriété. Il invita M. X... et son chancelier à venir y passer une journée. C'était un dimanche. M. X..., désirant se venger du rôle secondaire qu'il jouait dans le monde auprès de Henri, chargea celui-ci d'un long travail qui devait l'occuper tout un jour et qui devait être envoyé en France le lundi matin par le paquebot anglais. Il lui exprima tout le regret qu'il avait de l'empêcher de profiter de l'invitation de M. F... ; mais il lui était impossible de différer l'envoi de ces importantes dépêches. Henri ne parut pas trop contrarié de cet incident qu'il n'avait pas prévu, et écrivit à M. F... un petit mot dans lequel il s'excusait de ne pouvoir se rendre ce jour-là à son aimable invitation. Au fond, Henri éprouvait une vive contrariété de ne pouvoir aller à Marianao. Il avait fait la connaissance d'une ravissante jeune fille qu'il avait rencontrée plusieurs fois dans les salons de la Havane, et qui, très-liée avec la famille de M. F..., ne devait pas manquer de se trouver à Marianao. Henri, avant son départ de France, n'avait encore éprouvé aucune passion sérieuse. Les attraits enchanteurs de Pépa, c'était le nom de la jeune créole, qui attiraient autour d'elle une foule de prétendants, avaient fait sur lui une vive impression, et, de son côté, Pépa semblait avoir remarqué Henri. M. X... s'en était aperçu, et il avait trouvé moyen de lui préparer le petit *guet-apens* dont nous venons de parler, en forgeant une de ces correspondances décorées du nom pompeux de *dépêches*, adressées à des ministres qui ne les lisent pas, et les enfouissent dans cette partie indigeste des archives de missives consulaires vouées à un éternel oubli.

M. X... partit seul en faisant à Henri de grandes recommandations au sujet de l'important travail qu'il confiait à ses soins, et en lui faisant part de l'*ennui* qu'il éprouvait d'être obligé d'aller passer la journée chez M. F... ; il se fût considéré si heureux de pouvoir rester chez lui et de s'occuper de ses affaires !

Ce ne fut que plus tard que Henri comprit le but que M. X... s'était proposé en lui créant une besogne inutile et oiseuse.

Quand M. X... se présenta seul à Marianao, il fut accablé de questions au sujet de M. Henri. Chacun s'informait de sa santé et exprimait vivement sa contrariété de ne pas le voir arriver. Les choses en vinrent à un tel point que M. X... dut s'en trouver piqué.

M. F..., qui portait un grand intérêt au jeune chancelier, et qui aurait tout fait au monde pour le retenir auprès de lui à la Havane, prit la main de M. X... et l'entraînant dans un coin de la salle... — Ah çà ! mon cher consul, savez-vous que ces dames ne vous pardonneront jamais de les avoir privées de ce cher M. Henri, un cavalier si aimable dont elles raffolent toutes?... Ces dépêches dont vous parlez sont donc bien importantes? — Oh ! très-importantes, répondit M. X... assez sèchement... — Bah ! bah ! reprit en riant le vieux négociant, nous connaissons les dépêches de MM. les consuls : d'affreuses tartines sur la pluie et le beau temps, le mouvement dès ports, et des considérations à perte de vue sur le commerce français d'exportation et d'importation... Que diable ! mon cher monsieur X..., vous n'êtes pas encore arrivé à Guatemala, les affaires de la Havane ne vous regardent pas... M. X..., cette fois, fit un mouvement de mauvaise humeur, et d'un ton demi sentencieux, il dit à son hôte, dont la familiarité lui paraissait quelque peu inconvenante : — Je vous répète, Monsieur, que, malgré vos plaisanteries assez déplacées, les dépêches que nous avons à remettre au gouvernement de Sa Majesté sont des plus importantes ; elles sont relatives à des événements graves dont vous me permettrez de vous garder le secret... Mais M. F... ne se contentait pas si facilement ; il attendait Henri, Henri était indispensable et il fallait l'aller chercher. — C'est un jeune homme habile, ajouta-t-il, il aura terminé plus vite que vous ne le croyez. Je vais faire atteler ma *volante* et j'irai moi-même le chercher ; je prends tout sur moi. Ainsi, cher consul, vous êtes chez vous ; je pars, et je vous ramène M. Henri. — Oui, oui ! s'écrièrent à la fois plusieurs jeunes filles qui avaient entendu toute la conversation du maître de la maison et du consul, et au milieu desquelles se trouvaient les deux filles de M. F..., tenant embrassée par la taille la belle *Pépa*, leur amie d'enfance. M. X... n'eut pas le temps de répliquer. M. F... fut entraîné par le flot de jeunes femmes qui avait fait irruption dans le salon. En un instant le nègre Lorenzo eut attelé la volante, plongé ses jambes dans ses longues bottes à entonnoir et enfourché sa monture. M. F... monta lestement dans sa légère voiture et commanda à Lorenzo de gagner promptement la Havane.

M. X..., désappointé, eut un moment l'intention de feindre une indisposition subite et de se retirer ; mais le désir de causer quelque désagrément à son chancelier le fit changer d'idée. « Il faudra bien, se disait-il en se promenant de long en large dans la vaste salle qui était devenue tout à coup déserte après le départ de M. F..., que ce jeune homme, dont les manières sont fort déplacées, sache comprendre un peu mieux son rôle... Nous ne vivrons pas longtemps en bonne intelligence. Il est fort négligent, très-enclin aux plaisirs ; il ne connaît pas un mot de droit commercial et n'a aucune idée de la diplomatie... et puis je lui apprendrai ce que c'est qu'un chancelier, s'il a l'air de l'ignorer. »

Cependant les personnes invitées à Marianao arrivaient de la Havane et remplissaient la maison de M. F... Notre compatriote avait réalisé une immense fortune à l'époque de la traite des nègres, et il était en relation avec les familles les plus distinguées de l'île de Cuba. C'était un homme d'une cinquantaine d'années, aux cheveux gris, mais dont le teint, malgré l'ardeur de la chaleur tropicale, se maintenait toujours frais et rosé.

D'un caractère enjoué, M. F... se faisait aimer de tous ceux qui avaient des rapports avec lui. Il aimait le monde, le bruit et les fêtes, et il éprouvait toujours un vif plaisir à recevoir des compatriotes auxquels il vantait les agréments de la Havane et qu'il engageait à s'y fixer. Quant à lui, il avait renoncé pour toujours à revenir en France.

Marié depuis vingt ans à la Havane, possesseur de plusieurs propriétés tant dans la ville que dans l'île, il s'était accoutumé aux mœurs créoles et à la vie des Antilles. En France, il n'avait plus de parents, il n'y connaissait plus personne, et bien qu'avec sa fortune il eût pu bientôt y compter un grand nombre d'amis, ses goûts et ses habitudes avaient changé, et il jouissait d'une liberté et d'une tranquillité qu'il ne retrouverait plus dans sa patrie. Cependant, comme nous l'avons déjà dit, il se faisait un plaisir de recevoir ses compatriotes et de les fêter, de leur demander des nouvelles de la France, de parler avec eux des affaires politiques, des découvertes du siècle et des grandes entreprises industrielles qui commençaient à cette époque à révolutionner notre société moderne. Dans les discussions, M. F... faisait toujours preuve d'un grand patriotisme et professait, à l'égard de l'Angleterre et de sa politique, l'antipathie la plus marquée. Il est bon d'ajouter que les Anglais lui avaient capturé trois navires chargés d'esclaves ; mais il avait soin d'assurer que ce n'était pas là le motif de sa haine.

M. F... arriva au consulat français au moment où Henri venait de terminer des traductions du *Diario de la Marina* relatives aux affaires de Guatemala et que le consul X... envoyait sous forme de dépêche longuement annotée et commentée au ministre des Affaires étrangères à Paris.

— Mon cher monsieur Henri, s'écria-t-il en entrant dans la chambre où celui-ci s'était enfermé pour écrire et lui laissant à peine le temps de se lever de sa chaise, je viens vous chercher. Achevez votre toilette et partons de suite, car on nous attend à Marianao.. — Et M. X... sait que vous avez eu la bonté de venir me chercher..., fit Henri, en tendant la main à M. F...? — Oui, oui, répond ce dernier; et quand bien même il ne le saurait pas, vous n'êtes pas encore entré en fonctions, mon cher ami, les affaires de l'île de Cuba ne vous regardent pas ; laissez cela à M. le consul de la Havane qui s'en acquitte fort bien, et envoyez promener M. X...

Henri se prit à rire, plia les dépêches, les mit sous enveloppe et, après les avoir cachetées, il appela un domestique et le chargea d'aller les porter immédiatement chez le consignataire du paquebot qui devait partir le lendemain. Ainsi Henri avait terminé en quelques heures un travail que M. X... pensait devoir occuper toute une journée.

Satisfait de s'être acquitté aussi promptement d'une besogne qu'il n'avait pu refuser d'accomplir et de pouvoir se rendre à la fête de Marianao d'une manière aussi flatteuse pour lui, il remercia avec chaleur M. F... de la déférence avec laquelle il voulait bien le distinguer et se hâta de faire une de ces toilettes légères et élégantes en usage à la Havane. Au bout d'un quart d'heure, Henri prenait place dans la volante à côté de M. F... qui, lui serrant la main, s'écria tout à coup dans un de ces moments d'épanchements qui lui étaient naturels : « Mon cher M. Henri, je ne sais pourquoi je vois avec tant de peine votre prochain départ pour le Guatemala. Je crois que vous aurez de la peine à vous entendre avec M. X... C'est un homme d'une raideur désolante dont la société ne doit pas être agréable... et puis vous allez vous enterrer dans le pays le plus ennuyeux de la terre d'après ce que j'en sais par des personnes qui y ont vécu. On vous laissera croupir dans cette obscure chancellerie pendant de longues années au bout desquelles, si l'on vient à penser à vous, on vous chargera de quelque consulat sur la côte du Mexique ou de l'Amérique du Sud. Un chancelier arrive rarement à faire son chemin ; c'est un portier archiviste de consulat sur lequel messieurs les consuls veulent toujours exercer une mesquine tyrannie et qu'ils chargent de la besogne la plus désagréable. Enfin, mon cher Henri, ce n'est pas là la position qui convient à votre caractère, à votre activité et à votre âge... Donnez votre démission, restez à la Havane et je me charge de votre avenir. »

Henri écoutait attentivement les conseils du vieux négociant, et se sentait touché de la bienveillante sympathie qu'il lui témoignait.

— Vous comprenez, Monsieur, que, malgré tout ce que vos offres ont de flatteur pour moi, et malgré la justesse de vos observations, je ne puis laisser partir seul M. X..., je ne puis manquer à mes devoirs. Ce serait payer d'ingratitude les personnes qui se sont intéressées à moi et m'ont fait obtenir ce poste honorable. Ma mère ne me pardonnerait pas ma conduite, et d'ailleurs je n'ai aucun motif sérieux à alléguer pour le moment. Il est vrai que M. X... n'est pas très-aimable, et qu'il m'a déjà fourni plusieurs preuves de son peu de bon vouloir à mon endroit; mais décidé comme je le suis à faire mon devoir jusqu'au bout, je n'ai en définitive rien à craindre de ses tracasseries.

— Je désire, mon cher monsieur Henri, je désire bien volontiers me tromper, mais je ne vous donne pas un an pour que vous ne vous repentiez de ne pas être resté ici. Dans tous les cas, mettez-moi au courant de tout ce qui arrivera, et quand vous serez las de votre chancellerie, revenez ici, et vous me trouverez comme aujourd'hui disposé à vous servir et à vous aider à faire votre chemin.

Henri se confondit en remercîments et promit à M. F... de ne pas l'oublier et de lui écrire souvent.

La volante s'arrêta bientôt à la porte de la villa du négociant, et celui-ci donnant la main à Henri, fit son entrée dans la salle de réception, où ils furent accueillis par un hourra prolongé.

M. X... était assis dans une de ces chaises à bascule en usage à la Havane, occupé de la lecture de quelques journaux français que lui avait procurés la maîtresse de la maison.

— Ces créoles sont de vrais enfants, murmura-t-il; ne dirait-on pas que ce jeune homme est un grand personnage et qu'on ne peut se passer de lui!

— J'espère, dit-il en se levant et en allant à la rencontre de Henri, que vous n'êtes pas venu sans avoir terminé le travail que je vous avais confié, et que vous avez rempli à la lettre toutes mes instructions?

— Soyez tranquille, monsieur le consul, fit Henri qui, remarquant l'air important de M. X..., éprouvait quelque peu de mauvaise humeur, les dépêches sont parfaitement en règle, et elles sont en ce moment chez le consignataire, prêtes à être expédiées pour demain.

— Monsieur, vous auriez dû me les apporter, vous n'ignorez pas que je devais les signer ; elles ne peuvent pas partir ainsi...

— Mais, monsieur le consul, ces dépêches n'ont rien de si important ; ce sont des traductions accompagnées d'un mot écrit et signé de votre main, ne vous rappelez-vous pas ?

— Soit, Monsieur ; mais, dans tous les cas, je devais les lire et m'assurer de leur parfaite exécution...

La discussion allait sans doute devenir plus ridicule et plus envenimée, lorsque parut M. F..., qui, frappant familièrement sur l'épaule de M. X..., lui dit en riant : « Messieurs, Messieurs, ayez la bonté d'oublier ici vos affaires de consulat. M. Henri a terminé le travail dont vous l'aviez chargé ; à présent, il ne s'agit que de s'amuser et de m'aider à faire les honneurs de la maison, car vous êtes ici chez vous, et il entraîna Henri, qui n'était pas fâché de couper court à une conversation qui menaçait de dégénérer en querelle.

Le lecteur nous pardonnera la longueur de ces détails, mais nous tenions à lui donner une idée de ces petites intrigues, plus communes qu'on ne le croit dans la carrière des consulats, et dont nous pouvons garantir l'exactitude.

CHAPITRE III

Le Bal.

La maison de campagne de M. F... était une des plus vastes et des plus élégantes des environs de la Havane. Sa famille, composée de la mère et de deux demoiselles, y passait la plus grande partie de l'année. Les personnes aisées de la Havane possèdent dans la ville des maisons qu'elles n'occupent que pendant certains mois de l'année, lorsque la brise du nord vient tempérer l'ardeur du soleil et que les pluies tropicales n'inondent plus les rues; elles se retirent en général soit dans leurs habitations, à quelques lieues dans l'intérieur de l'île, soit dans quelque jolie villa aux environs de la Havane. C'est surtout à l'époque où sévit le vomito que l'émigration devient générale.

C'était vers la fin de février, M. F... donnait, pour la première fois de l'année, une grande fête dans sa villa de Marianao. Cette propriété se composait d'un édifice situé sur une éminence dominant une rivière profondément encaissée et sur laquelle on a construit un pont solide et élégant, rendez-vous habituel des promeneurs de Marianao. Cet édifice présentait sur la route une façade d'environ cent mètres de longueur, ornée d'un vaste péristyle en marbre blanc sur lequel s'ouvrait une grande porte cochère donnant sur la cour intérieure, immense carré, encadré par un large corridor ou portail supporté par des colonnes de bois de cèdre sculpté. Chaque colonne reposait sur une base de pierre polie. Ce corridor communiquait avec les différentes pièces de la maison et offrait en tout temps une agréable promenade à l'abri du soleil et de la pluie. Devant chaque pilier on avait construit une sorte d'auge en pierre (*areate*), remplie de terre d'où s'élevaient de charmants arbustes, des mimosas aux fleurs jaunes et odorantes, des rosiers, des hibiscus et des ketmies aux corolles éclatantes, des fuchsias dont les branches délicates et capricieusement enlacées courbaient sous le poids de leurs gracieuses clochettes. L'aspect de cette cour était enchanteur. Vis-à-vis de la porte cochère s'ouvrait une grille en fer donnant accès à un vaste jardin, aux écuries et autres dépendances de l'habitation. Dans l'intérieur de celle-ci on ne comptait pas moins de vingt grandes pièces dont la principale, la *sala* (salon), éclairée par six fenêtres énormes donnant sur la rue, n'avait pas moins de trente mètres de longueur sur douze de large. Toutes ces pièces étaient fort élevées, de manière que l'air y circulait très-librement et la température s'y maintenait toujours fraîche comparativement à celle du dehors. Le niveau de toutes ces habitations était élevé d'environ un mètre et demi au-dessus du sol. Au-dessus du péristyle et donnant sur la rue, s'élevait un joli belvédère octogone percé de huit fenêtres, d'où l'on pouvait admirer un magnifique panorama.

Cette vaste demeure dans laquelle un régiment aurait pu se loger commodément était ornée à l'intérieur avec un luxe de meubles inusité aux Antilles. Partout on foulait des nattes fraîches et moelleuses, produits de l'industrie équatorienne (Guayaquil) et mexicaine.

Dix nègres et six jeunes mulâtresses étaient attachés au service de cette maison princière, et les domestiques des personnes invitées ce jour-là se mettaient à la disposition du majordome, prêts à prendre une part active au service extraordinaire qu'exigeaient la réunion de deux cents personnes et les détails d'une fête qui devait se composer d'un grand dîner et d'un bal splendide.

A cinq heures du soir, la villa de M. F... offrait le coup d'œil le plus animé. Une foule de jeunes femmes plus jolies les unes que les autres, vêtues avec goût et richesse, se pressaient dans les corridors, et remplissant l'air de leurs joyeux ébats, répandaient autour d'elles les parfums enivrants de leurs magnifiques chevelures.

En général, pâles et incolores, les créoles havanaises

paraissent tristes et mélancoliques. A les voir négligemment couchées dans leurs volantes quand elles vont au *paseo*, elles paraissent incapables de mouvement et comme accablées de fatigue ; il semble qu'elles ont toutes les peines du monde à remuer les bras et à promener autour d'elles le regard de leurs beaux yeux ; mais dès qu'elles se trouvent dans un salon et qu'elles se préparent à la danse, dès que les bougies répandent leur lumière étincelante, dès que l'orchestre prélude... la transformation est aussi complète que subite. Il semble que ces ravissantes créatures soient nées exclusivement pour le plaisir. Leur grâce produit un effet pour ainsi dire électrique ; les jeunes gens se pressent autour d'elles, se disputent le bonheur de les accompagner et deviennent leurs esclaves pour toute la nuit, car ces bals se terminent souvent à la pointe du jour, et les cavaliers harassés de fatigue sont forcés de leur tenir tête jusqu'à la fin. La créole, qui ne sort jamais qu'en voiture, qui se fait apporter sur les genoux les étoffes qu'elle va choisir dans un magasin, qui bercée sur sa chaise appelle son esclave pour ramasser son mouchoir, semble avoir réservé tout ce qu'il y a de mouvement, de force et de vitalité en elle pour le violent exercice de la valse et de la contredanse. Chez elle, le premier abord a quelque chose d'imposant et de froid qui gêne l'homme le plus sûr de lui ; mais bientôt cette impression disparaît ; peu à peu elle s'anime et se laisse aller à un abandon rempli de grâce et de volupté. Leur taille est ravissante de souplesse, et rarement en Europe, excepté en Espagne, on rencontre des mains, des pieds et des yeux d'une aussi parfaite beauté. Que l'on ne s'étonne pas après cela de lire dans les journaux de l'île de Cuba les descriptions pompeuses de ces nombreuses fêtes où le beau sexe reçoit toujours les éloges les plus flatteurs et qui paraissent exagérés aux étrangers nouvellement arrivés. Que l'on ne s'étonne pas de rencontrer à chaque instant dans les feuilles les plus sérieuses des compositions poétiques inspirées par quelque belle Havanaise.

Six heures venaient de sonner à l'horloge de la cour, lorsque le majordome vint prévenir M. F... que le dîner était servi. Deux tables immenses avaient été dressées dans une vaste salle à manger dont les fenêtres s'ouvraient sur le jardin. Suivant la coutume espagnole, tous les plats étaient servis et offraient par leur nombre, leur variété et les ornements dont on les avait chargés un coup d'œil des plus pittoresques. Les dames, conduites par leurs cavaliers, prirent d'abord place à l'une des tables. M. X... donnait le bras à la maîtresse de la maison, Henri donnait le sien à l'aînée des demoiselles. Bientôt chacun s'assit, et les cavaliers, se distribuant les plats qu'ils avaient devant eux, se mirent à en servir des portions que les domestiques nègres passaient à la table des dames, d'où ils rapportaient les mêmes mets auxquels on n'avait pas touché. Cette manière de servir assez originale, et qui semblerait fort incommode à des Européens, est en usage dans toute l'Amérique espagnole, sauf quelques variantes. Le plus souvent les dames s'assoient les premières à une seule table et les hommes restent derrière elles pour les servir. Après l'échange des mets, auxquels les dames touchaient à peine, vint l'échange des liqueurs, et de tous les coins de la salle partaient des toast ou *brindis* en l'honneur des *reines de Cuba*, de la *maîtresse de la maison*, de l'*amphitryon*, en l'honneur de la *jeunesse havanaise*, etc., dans le but d'exciter les convives, hommes et femmes, à puiser dans des coupes sans cesse renouvelées cet entrain et cette bonne humeur qui doivent présider à semblable festin.

M. X... aurait bien voulu placer, en sa qualité de consul, un toast à la santé de S. M. le roi des Français ; mais M. F..., placé en face de lui, l'avait prié d'oublier tout ce qui pouvait avoir rapport à ses fonctions et à se dépouiller de toute espèce d'étiquette dans une fête qu'il ne cessait d'appeler une *réunion de famille.* M. X... eût préféré un dîner diplomatique et une société plus sérieuse que celle du riche négociant, et il se disposait à ne pas rester au bal qui devait suivre immédiatement le repas.

Le dîner une fois terminé, on passa dans une salle richement décorée, où était préparée une table de dessert (*mesa de postres*). Tout ce que le climat privilégié de l'île de Cuba produit en fruits exquis et parfumés se trouvait réuni sur cette table et arrangé avec un art et une patience inouïs. Des bouquets formés de fruits et de bonbons, agencés de manière à imiter parfaitement des fleurs, surmontaient des pièces de pâtisserie fine, et des milliers de petite bannières découpées dans de magnifiques rubans de soie, ornées de filigranes d'argent et décorées de devises, se trouvaient fixées sur des pyramides de mangos et de sapotilles qu'on avait pris soin de revêtir de feuilles d'or et d'argent. Que l'on ajoute à tous ces détails un éclairage splendide, et réunissez autour de cette table toutes ces délicieuses créoles dont nous parlions tout à l'heure, et l'on aura une faible idée de ce que l'on appelle dans l'île de Cuba une table de dessert.

En un instant cette table, qui avait coûté tant de travail à dresser, fut assiégée par les cavaliers qui distribuèrent à leurs compagnes les bouquets et les bannières, entamèrent les fruits et les pâtisseries, dont les deux tiers furent délaissés pour être partagés plus tard par les domestiques. Après le dessert vinrent le café, les liqueurs et les sorbets, et le bal commença au milieu d'un gai tumulte et des marques plus ou moins bruyantes de la satisfaction générale. Pour les jeunes filles la fête ne faisait que commencer.

Henri n'avait pu se dérober aux regards et aux chuchotements questionneurs dont est toujours l'objet une nouvelle figure au milieu d'une société dont toutes les personnes se connaissent; mais ayant retrouvé quelques jeunes gens qu'il avait déjà vus dans d'autres réunions, il ne tarda pas à lier conversation et à s'entretenir avec eux de choses et d'autres, afin de détourner quelque peu l'attention des autres convives. Naturellement on vint à parler de Guatemala. Un des convives s'écria : — *Guatemala, gente mala !* C'est un dicton espagnol connu dans l'Amérique centrale et au Mexique, qui signifie : *Guatemala, mauvaises gens*. Henri demanda l'origine de cet adage qui lui paraissait d'assez mauvais augure. Alors chacun voulut lui donner une signification. Les uns l'attribuaient à la mauvaise réputation qu'avait ce pays dans les autres républiques, à cause des guerres civiles qui ne cessaient de le déchirer depuis l'époque de l'Indépendance; d'autres faisaient remonter ce dicton à une époque beaucoup plus reculée, et le mettaient sur le compte de la manie qu'ont les peuples espagnols de forger des jeux de mots avec consonnance et des proverbes plus ou moins exacts. Quelques avocats, et il s'en trouve toujours un fort grand nombre dans la société hispano-américaine, s'emparèrent de ce sujet pour faire tomber la conversation sur la politique, sur le sort des républiques américaines, jadis colonies espagnoles, et insensiblement on en vint à parler du droit de visite, cette question délicate de droit international, qui porta de si graves atteintes au crédit du gouvernement français. M. X... prit la parole et voulut défendre la politique française ; mais le sujet était des plus délicats : il fallait parler de la traite des nègres dans un pays à esclaves et dans la maison d'un négociant qui avait gagné dans ce trafic une fortune immense. Henri s'efforça de faire tomber la conversation sur un autre sujet, et M. X..., croyant que son chancelier improuvait sa manière de voir, et voulait l'empêcher de prendre la défense de la conduite de son gouvernement, allait s'emporter et commettre quelque imprudence, lorsque M. F..., se levant, rappela à ses convives que sa table n'était pas une tribune, et que les dames que l'on négligeait demandaient des toasts en prose et en vers. Cet insignifiant incident en resta là. Le visage d'ordinaire impassible de l'agent français s'était momentanément altéré. Forcé de se contenir, il attendit que le repas fût achevé pour s'éloigner et reprendre sans mot dire le chemin de la Havane. On ne s'aperçut de son départ que dans la salle du dessert, et ce fut Mme F... qui en prévint son mari. — Ma chère amie, dit M. F... à sa femme, qui paraissait très-contrariée du départ du ministre français et qui craignait que son mari eût commis une imprudence ou une impolitesse, ma chère amie, je suis fâché comme toi que M. X... ne se soit pas amusé chez moi. J'ai tout fait pour qu'on ne parlât pas politique, et si moi-même je me suis tu, tu dois savoir que j'ai dû me faire violence alors qu'il s'agissait d'une question sur laquelle, en d'autres circonstances je n'aurais pas entendu raison.

M. X... approuve le *droit de visite*, défend la politique de son roi, rien de mieux; mais qu'il garde pour lui ses opinions et ses doctrines. Il est parti, bon voyage! Maintenant, chère Louise, occupe-toi de ton monde et ne parle à personne de cet incident, qui sera à peine remarqué. Quant à moi, je te laisse pour aller faire ma partie avec le marques de Santa-Clara, qui m'attend.

Henri ne fit pas attention au départ du consul; entraîné par les autres jeunes gens dans la salle du dessert, il procéda comme tout le monde à la destruction des pyramides de fruits dorés, des trophées de bannières et de bouquets. A l'exemple de ses compagnons, Henri offrit galamment aux jeunes personnes qui se tenaient debout autour de la table des fleurs et des fruits, et, comme cela devait arriver, le hasard voulut qu'il donnât à la charmante Pépa la fleur la plus jolie et une petite bannière de satin vert, sur laquelle se trouvait l'inscription suivante : *no me olbides* (ne m'oublie pas)... Pépa reçut avec une grâce charmante la galanterie de Henri, et lui remit en échange de sa devise une autre non moins significative, que le même hasard avait fait tomber entre ses mains : *amor y esperanza.* Henri passa avec empressement dans la boutonnière de son frac sa petite bannière, et prenant congé de la jeune fille, il passa avec tous les cavaliers dans le salon où la danse allait commencer. La belle créole avait reçu un si grand nombre de bouquets et de banderoles, qu'elle était embarrassée de ses mains; mais elle alla les déposer sur les genoux de sa mère, qui les remit à son nègre, et elle ne garda dans ses cheveux qu'un seul petit drapeau. Henri crut reconnaître le sien, et en éprouva une satisfaction indicible. Le bal fut très-animé, et les danses continuaient encore quand le soleil apparut tout à coup comme un immense globe de feu sur l'horizon. Henri eut beaucoup de peine à faire danser deux fois la belle Pépa. Tous les jeunes gens se disputaient l'honneur et le plaisir de l'avoir pour compagne, et Henri avait dû inviter toutes les jeunes personnes que, suivant l'usage, la maîtresse de la maison lui avait indiquées. Au milieu d'une valse, la petite bannière verte se détacha des cheveux de Pépa, et au moment où Henri se retirait pour prendre le chemin de la Havane, il sentit quelque chose sous ses pieds; il se baissa et ramassa un chiffon froissé : c'était son petit drapeau et sa devise *no me olbides*. Pépa était déjà bien loin.

— Bah! se dit-il à lui-même; à quoi bon me tourmenter en vain? il faut que je parte dans quelques jours. Cette jeune personne sait que je suis un étranger, que je ne dois pas vivre à la Havane... dans deux heures elle ne se souviendra pas de moi... et, en s'enveloppant dans son manteau, il monta dans une *guagua*[1], où d'autres jeunes gens l'avaient invité à prendre place. — Il fut bientôt de retour au consulat de France, où M. X... l'attendait pour lui annoncer que leur départ aurait lieu le surlendemain.

[1] Nom que l'on donne aux omnibus de la Havane.

CHAPITRE IV.

Antipathie.

A peine de retour à la maison du consul de France à la Havane, M. X. alla rendre visite à ce fonctionnaire, que le mauvais état de sa santé empêchait d'aller dans le monde, et qui se trouvait en ce moment dans son salon, prenant le thé en compagnie de quelques amis.

« — Comment, cher collègue, dit-il en s'adressant à M. X..., qu'il ne comptait pas voir ce soir-là, vous êtes déjà de retour de Marianao? Que vous est-il donc arrivé? seriez-vous indisposé? — Non, non, répondit froidement M. X. Je me sentais à la vérité un peu étourdi au milieu de tout ce monde, et j'ai profité du moment où on allait prendre le café pour m'esquiver sans être vu. — Vous avez eu tort, reprit le consul général; vous auriez dû rester au bal, qui a dû être magnifique, car notre compatriote fait royalement les choses, et il reçoit chez lui l'élite de la société havanaise... mais je comprends qu'à la veille de votre départ pour Guatemala, rien ne saurait vous distraire..... Ah çà ! puisque vous voilà, je vous annonce qu'une goëlette vient d'arriver de la Jamaïque, et qu'elle partira sans faute mercredi pour Bélize ; c'est notre confrère le consul britannique qui a eu la bonté de me faire part de cette nouvelle pour vous en informer. Je regrette d'un côté que l'arrivée de ce navire précipite ainsi votre départ et nous prive de votre aimable compagnie, et de l'autre part, je vous sais si désireux de vous mettre en route, que je me félicite pour vous d'une aussi bonne occasion. »

M. X... se frotta les mains de contentement, et assura à son confrère que malgré tout le plaisir qu'il aurait eu à cultiver plus longtemps sa société, il était heureux de pouvoir se rendre à son poste, où les affaires du consulat étaient en souffrance.

— Je ne vous demande pas, reprit le consul général, si M. Henri est resté à Marianao. Cela ne fait pas question. A son âge, nous en aurions fait autant, et d'ailleurs il fait bien de jouir de son reste, car il ne s'amusera guère à Guatemala.

— Je lui réserve trop de besogne, dit M. X..., pour lui en laisser le loisir. Ce jeune homme a besoin d'être tenu ; il est léger et un peu trop ami du plaisir.

— Ne soyez pas injuste, mon ami, M. Henri est un charmant garçon, plein d'esprit, de moyens et de bonne volonté. Ici, toutes les personnes qui l'ont vu en sont enchantées, et, pour ma part, je serais heureux de faire un voyage comme le vôtre en aussi bonne compagnie.

M. X... ne trouvant rien à répondre, demanda un jeu d'échecs et offrit de jouer une partie à un négociant suisse habitué du consulat et qui venait invariablement tous les soirs faire sa partie chez le consul général.

Le lendemain matin, au moment où l'on allait prendre le café au consulat, Henri arriva, salua tout le monde avec sa gaieté accoutumée et n'ayant pas l'air d'un homme qui a passé la nuit à danser.

Mille questions lui furent adressées sur le bal de Marianao. Comme on le pense bien, il les satisfit toutes et fit part de l'étonnement que lui avait causé la splendeur d'une fête dont il ne se faisait aucune idée, de la beauté des femmes et du luxe de leur toilette.

M. X... se chargea d'apprendre au jeune chancelier la nouvelle du départ sur lequel il ne comptait pas encore, et lui recommanda de se tenir prêt pour le mercredi. Henri espérait rester encore une quinzaine de jours à la Havane ; il ne fut donc pas très-satisfait d'apprendre qu'il lui restait à peine deux jours pour faire ses visites d'adieux et prendre congé des officiers de la frégate avec lesquels il dépensait la majeure partie de ses heures de loisir. Tout ce qu'on lui avait dit de Guatemala, la perspective d'un voyage pénible en compagnie d'une personne qui semblait prendre à tâche de lui être désagréable et dont les dispositions à son égard promettaient de devenir très-malveillantes, le plongèrent tout à coup dans une tristesse facile à comprendre et qu'il ne put dissimuler. Sa figure ouverte et franche, vivement impressionnable, ne lui permettait pas de cacher les émotions qu'il éprouvait. Le consul X... le remarqua et en fit l'observation à haute voix devant le consul général : — M. Henri ne paraît pas charmé de cette nouvelle, dit-il en s'adressant à son collègue, il s'accoutumerait volontiers au séjour de la Havane, d'après ce que je vois. Henri ne répondit pas, mais il fixa M. X... comme il ne l'avait pas fait jusqu'alors et lui lança un de ces regards significatifs plus éloquents que les plus énergiques paroles et qui dut indiquer à M. X... que la patience de son chancelier avait des limites et que ces limites allaient être bientôt franchies. Le consul général craignant une scène, car il comprenait la position de Henri, proposa à M. X... de le présenter ce jour même au capitaine général, invitation qu'il accepta avec empressement — Vous serez des nôtres, ajouta le consul général en s'adressant à Henri. Celui-ci lui répondit qu'il était à ses ordres et se retira dans sa chambre où il écrivit plusieurs lettres pour France ; mais, succombant à la fatigue et à la chaleur du jour qui commençait à devenir suffocante, il s'étendit sur son lit et s'endormit.

Il était deux heures environ lorsque M. X..., revêtu de son uniforme de consul qu'il avait fait sortir dès le matin de ses malles, se présenta chez son collègue pour aller faire sa visite au capitaine général. — Peste, mon cher! s'écria le consul général en voyant arriver son confrère en grand uniforme. Je ne vous imiterai pas. Je ne mets mon costume officiel que dans les grandes occasions. Le climat de la Havane m'a rendu paresseux... Mais puisque vous voilà prêt, je veux vous rendre la corvée aussi courte que possible. Partons. — Ah! çà, reprit-il lorsqu'ils furent dans la cour prêts à monter en voiture, je ne vois pas M. Henri. — Il dort, répondit M. X... ; mon domestique a eu crainte de le réveiller. Il a passé la nuit au bal, et il n'est pas indispensable qu'il vienne avec nous. Ainsi M. X... ne craignait pas de faire preuve auprès de son collègue, qui avait déjà eu le temps de le juger, d'un esprit mesquin et jaloux ; mais il ne devait pas tarder à éprouver une mystification bien méritée. Malheureusement, comme on le verra plus loin, il en résulta entre lui et Henri une telle antipathie qu'une rupture s'ensuivit pendant le voyage, et le jeune homme, poussé à bout, demanda raison des insultes dont il avait été indignement accablé. Ne pouvant en obtenir réparation, il donna un soufflet à son supérieur. Mais n'anticipons pas sur les événements.

Le capitaine général reçut, avec cette courtoisie qui distingue le peuple espagnol en général et les grands en particulier, les deux agents français. A peine étaient-ils assis, que Son Excellence adressant la parole à M. X... : « J'avais déjà entendu parler de vous, senor, et je désirais vous connaître. M. le marques de Santa-Clara a eu l'honneur de passer la nuit chez un de vos compatriotes et m'a fait de vous les plus grands éloges. Vous devez être bien fatigué, M. le consul. On dit que vous avez dansé jusqu'à six heures du matin... et il ne faut pas en rougir : à la Havane on estime beaucoup les cavaliers, surtout quand ils s'en acquittent avec autant de grâce que vous...

M. X... balbutia quelques mots et ne sut que répondre. Mais son confrère crut le sortir d'embarras en racontant au capitaine général que M. X... était revenu de Marianao après le dîner, et que sans aucun doute le marques de Santa-Clara avait confondu le consul avec le chancelier.

— Il n'en fait jamais d'autres, fit le capitaine général en fronçant le sourcil, ce diable de marques. J'aurais eu beaucoup de plaisir à voir ce jeune homme, reprit-il, car maintenant je me rappelle que le commandant de la frégate française et d'autres personnes m'en ont déjà dit beaucoup de bien... C'est un jeune homme très-distingué, M. le consul, et je vous félicite d'emmener avec vous à Guatemala un employé aussi capable...

M. X... suait à grosses gouttes, la mystification était complète : aussi éprouva-t-il un grand embarras à poursuivre la conversation. Il comprenait l'espagnol, mais le parlait fort mal, et le capitaine général eut toutes les peines du monde à le comprendre. Une demi-heure après, les deux consuls sortaient du palais del

Gobierno : l'un riant dans sa barbe, l'autre horriblement vexé et assez justement puni de sa vanité et de son égoïsme.

Ce jour-là, le marques de Santa-Clara apprenait du capitaine général l'erreur qu'il avait commise en prenant Henri pour le consul de France à Guatemala : « Ma foi, Votre Excellence s'y serait trompée comme moi, dit en riant le marques... Quant à l'autre, le vrai consul, il a l'air un peu ours.

— Vous aviez raison, dit en rentrant M. X... à son collègue ; j'aurais mieux fait de ne pas mettre mon uniforme, la chaleur que j'éprouve est insupportable ; et prétextant le besoin de faire son journal et d'écrire des lettres, il se retira dans sa chambre jusqu'à l'heure du dîner.

Henri dormait encore quand le lieutenant de la frégate de guerre française, M. Jules Br. entra dans sa chambre. Au bruit que fit ce dernier, il se réveilla inondé de sueur et accablé de fatigue. — Ah ! c'est vous, cher Jules : il est bien tard, n'est-ce pas ? — Il n'est que cinq heures, mon ami. Il me semble que vous avez prolongé un peu trop votre sieste, ce qui est par parenthèse une fort mauvaise coutume à laquelle je vous engage de renoncer... — Cela ne m'arrive jamais ; mais j'ai passé la nuit à danser et je vous avoue que pour un Européen fraîchement débarqué dans cette fournaise, c'est une rude besogne, et cependant je crois que j'aurais encore continué plusieurs heures sans m'en apercevoir, tant ces jeunes femmes sont entraînantes. J'ai d'ailleurs bien fait de profiter de cette occasion, car c'est la dernière. — Comment? demanda le lieutenant étonné. — Hélas ! oui, mon ami ; je vais avoir le chagrin de vous quitter, nous partons demain à bord d'une goëlette anglaise qui est entrée hier... La *Malibran*... — Que le diable soit de la *Malibran*, dit l'officier en serrant la main de Henri ; nous espérions vous conserver ici encore une quinzaine de jours. — Que voulez-vous ? je n'ai appris mon départ que ce matin de la bouche de mon aimable compagnon de voyage qui est ici comme sur des charbons ardents et devient chaque jour d'une humeur massacrante. — Dieu ! le vilain monsieur, s'écria le marin, il n'ouvre jamais la bouche que pour dire des choses désagréables. Eh bien ! puisque c'est ainsi, venez donc dîner avec nous à la fonda de l'Aguila de oro [1], tous ces messieurs doivent s'y trouver à six heures ; ils seront enchantés. — Volontiers, dit Henri, et il sonna un domestique pour annoncer qu'il ne dînerait pas au consulat. Quelques instants plus tard, les deux jeunes gens allaient trouver leurs amis qui s'étaient donné rendez-vous au splendide établissement de la *Dominica* près de la *plaza de armas* [2] et de là

[1] Restaurant de l'Aigle d'Or.

[2] Tous ceux qui ont passé à la Havane connaissent le magnifique établissement de la *Dominica* où l'on prend d'excellentes glaces dignes de Tortoni et des rafraîchissements excessivement variés. Le soir après la retraite qui attire une foule de

se rendaient chez le restaurant de l'*Aguila de oro*, qui jouissait alors d'une meilleure réputation qu'aujourd'hui

La journée du lendemain fut consacrée aux visites de *Despedida* et aux préparatifs de voyage, et le mercredi, à neuf heures, Henri montait à bord de la Malibran, emportant avec lui le souvenir doux et triste à la fois de l'hospitalité si cordiale et si généreuse qu'il avait reçue à la Havane, et les regrets de ses amis ainsi que des quelques personnes qui l'avaient connu. M. X..., au contraire, était enchanté de partir, et contre son habitude paraissait d'une humeur charmante. A bord de la goëlette se trouvait déjà installé un jeune négociant espagnol que des affaires de commerce appelaient au Centre-Amérique. Il se nommait Manuel P... Dans une *Guadana*, espèce de chaloupe qui sert au transport des passagers à la Havane, se tenaient debout deux personnages auxquels celui-ci faisait ses adieux en leur recommandant de veiller de près sa charmante cousine *Pépa*. Si Henri eût entendu prononcer ce nom, peut-être eût-il pensé à la belle Havanaise qui avait occupé pendant

promeneurs sur la plaza de armas où l'excellente musique des régiments exécute les morceaux les plus remarquables des opéras nouveaux, les salons de la Dominica se remplissent de consommateurs, et les belles Havanaises couchées dans leurs volantes arrêtées en file aux abords du café se font servir des glaces et des sorbets. La consommation de la glace apportée par blocs énormes par des navires américains donne lieu à un grand commerce.

quelque temps son esprit ; mais il était sur le pont du navire entouré des officiers de la frégate de guerre qui avaient voulu l'accompagner jusqu'au sortir du chenal. La goëlette déployait peu à peu sa voilure et, poussée par une légère brise, elle ne tardait pas à franchir le Morro. En ce moment, les jeunes gens se séparèrent, non sans se promettre de s'écrire mutuellement, se souhaitant toutes sortes de prospérités, et les officiers sautèrent lestement dans le canot de la frégate qui suivait la goëlette à la remorque. Peu à peu la brise fraîchit, toutes les voiles déployées se gonflèrent et la *Malibran* glissa avec rapidité sur cette belle mer bleue qui baigne la Havane et qu'on ne se lasse pas d'admirer par une belle matinée de printemps. Au bout d'une heure, la Havane se perdait à l'arrière du navire au milieu de la brume, et c'est à peine si Henri, debout sur la dunette, pouvait distinguer quelques points blancs se détachant des contours et des sinuosités de la côte, dont l'aspect variait d'autant plus promptement que la marche du navire devenait plus rapide. Tout à coup, il la perdit complétement de vue. Alors il éprouva une de ces émotions pénibles dont les personnes qui n'ont pas fait de semblables voyages se font difficilement une idée, émotion qui était d'autant plus forte que l'avenir lui paraissait dès lors incertain, et que la Havane qu'il venait de quitter si brusquement, ne lui rappelait que d'agréables souvenirs. Ses réflexions devinrent de plus en plus tristes et il se prit à regretter de n'avoir pas accepté les offres de cet excellent compatriote qui lui avait donné tant de preuves de sympathie. Involontairement l'image de la belle Pépa vint traverser sa pensée. Hélas! combien ces regrets devaient l'assaillir plus tard. Adieu! séjour enchanteur, adieu! généreux amis : je ne vous oublierai jamais, se dit-il en essuyant les larmes qui s'échappaient en ce moment de ses yeux; puis il descendit reconnaître l'étroite et obscure cabine où heureusement il ne devait passer que peu de moments avant d'arriver à Bélize.

La traversée de la Havane à Bélize se fait généralement en cinq ou six jours, quand on n'est pas pris par les calmes, comme cela arrive assez souvent dans la baie de Honduras. Cette navigation n'est pas exempte de dangers, à cause de la grande quantité de bas-fonds et de récifs qui longent une partie de l'île de Cuba vers le cap San-Antonio et parmi lesquels on cite principalement les *colorados*, sur lesquels se sont déjà perdus beaucoup de navires. Avant d'arriver à Bélize, on rencontre un archipel de *cayos*, ou îlots formés par des agglomérations de madrépores, qui à la longue se sont couverts d'une végétation luxuriante. Ces cayos sont eux-mêmes entourés de récifs et de bas-fonds qui ne sont bien connus que des caboteurs qui trafiquent dans la baie de Honduras. C'est à l'époque des vents du nord (d'octobre à février), que cette traversée est quelquefois gravement contrariée.

Favorisée par une brise continue du nord-est, la *Ma-*

libran, partie le mercredi matin de la Havane, jeta l'ancre dans la rade de Bélize le dimanche, peu après le lever du soleil.

M. X... et Henri n'avaient échangé pendant cette traversée que quelques mots insignifiants. Henri évitait de parler au consul, et celui-ci n'en cherchait pas non plus l'occasion. Cependant il fallait s'occuper du débarquement et de chercher la maison d'un riche négociant espagnol, don Francisco Camoyano, pour lequel le consul avait une lettre de recommandation. « Monsieur Henri, dit M. X..., je pense que nous pouvons descendre à terre, je vous prie de vous informer de M. Camoyano et de lui annoncer mon arrivée, je vous attendrai ici. Il remit en même temps la lettre de recommandation qui devait lui servir d'introduction, et il alla achever sa toilette. Henri prit la missive, la serra dans son portefeuille et, sans mot dire, sauta dans le canot de la goëlette. Cinq minutes après, il foulait le sol du Centre-Amérique.

CHAPITRE V.

Bélize.

Vue de la mer, la colonie de Bélize présente un très-joli coup d'œil. Les maisons en bois élevées de deux étages sur un rez-de-chaussée construit en briques peintes de couleurs fraîches et variées forment un arc assez ouvert et d'au moins un kilomètre d'étendue. Des bouquets de cocotiers semés çà et là reposent agréablement la vue. Derrière les maisons et de chaque côté de la colonie, s'étendent des forêts épaisses qui s'avancent jusque dans la mer ; au loin on aperçoit de sombres montagnes couvertes d'une végétation tropicale et qui entretiennent dans ces parages une humidité continuelle qui, le matin, se condense en nuages vaporeux au-dessus des montagnes. L'agglomération de ces vapeurs donne lieu à de violents orages qui, pendant les deux tiers de l'année, éclatent dès que la brise de mer cesse de souffler. Le sol de Bélize est très-marécageux et presqu'à fleur d'eau. Il a été pour ainsi dire disputé par les colons aux crabes et aux mangliers.

Une rivière profonde, le *Rio Belize*, traverse la colonie et la divise en deux parties réunies par un joli pont en fer. La rive droite (S. O.) est occupée par les plus belles maisons, l'hôtel du gouverneur et les principales officines. Les Anglais ont établi à gauche, vers le nord, une petite batterie presque à fleur d'eau sur une petite langue de terre formée, dit-on, par du lest apporté d'Angleterre. C'est à cette batterie qu'ils donnent le nom pompeux de fort Saint-Georges.

Le territoire de Bélize fait partie de la province du Peten, dans la république de Guatemala, et est bornée au N.-E. par le Yucatan. C'est à cet établissement que les Anglais donnent le nom assez impropre de *British Honduras*. La coupe du bois d'acajou est la principale industrie de cette colonie qui, pendant de longues années, a approvisionné le Centre-Amérique de marchandises sorties des fabriques de Liverpool et Birmingham. Aujourd'hui, elle a beaucoup perdu de son importance.

Don Francisco Camoyano vivait à peu de distance du rivage sur la rive gauche de la rivière de Bélize et vis-à-vis le pont dont nous avons parlé.

Sa maison, d'une construction assez simple et d'une apparence modeste, n'annonçait pas un propriétaire plus que millionnaire, et le propriétaire lui-même, vieil Andalous établi depuis plusieurs années dans la colonie anglaise, correspondant de tous les commerçants de Guatemala, Honduras et Salvador, était loin de ressembler à un riche capitaliste.

D'une haute taille, légèrement voûté, le négociant espagnol avait une figure très-peu prévenante. Son teint basané, son nez aquilin et ses petits yeux d'un noir vif et intelligent le faisaient plutôt ressembler à un corsaire retiré qu'à un paisible négociant. Il était toujours vêtu de la même manière. Une veste courte en drap léger, pantalon blanc et chapeau en palmier, pas de gilet, une petite cravate noire serrait son cou maigre et allongé, et un long col de chemise encadrait sa figure dans ses pointes dressées.

Camoyano est une célébrité dans tout le Centre-Amérique. Grâce à son incessante activité, à sa profonde connaissance des affaires, à son tact infini et surtout à sa rare probité, il acquit en peu d'années une fortune considérable. Ses excentricités l'ont rendu également célèbre. C'était le type du *bourru bienfaisant.* Il avait en horreur l'étiquette et les cérémonies et ne pouvait supporter les conversations longues et les circonlocutions. Il recevait presque toujours assez froidement, pour ne pas dire avec mauvaise humeur, les nouveaux visages, mais il savait connaître au premier abord, à la physionomie, les personnes à qui il avait affaire et deviner le genre de négoce qu'on venait lui proposer.

Chose incroyable, éminemment patriote, ce brave Espagnol ne pouvait souffrir les Anglais au milieu desquels il était venu s'établir ; il aimait beaucoup critiquer la politique anglaise, et s'entretenait volontiers des guerres de l'empire. Le souvenir du désastre de Trafalgar revenait sans cesse à son esprit ; il ne pardonnait pas aux Anglais la possession de Gibraltar et le martyre qu'ils avaient fait souffrir à Napoléon, bien que celui-ci eût fait une guerre injuste à son pays. Les habitants de Bélize connaissaient parfaitement Camoyano et lui pardonnaient volontiers ses opinions en raison des services qu'il rendait à la colonie et de la noblesse de son caractère.

Camoyano se promenait de long en large dans la salle principale de sa maison, quand on lui annonça qu'un Français demandait à lui parler.

— Qu'il monte, dit-il sèchement au domestique qui venait d'annoncer Henri, et il continua sa promenade en murmurant, comme d'habitude, des phrases que lui seul comprenait.

Henri monta lestement les quelques marches qu'il y avait à gravir avant d'entrer dans la pièce principale de l'habitation, puis, se découvrant, alla droit au-devant de Camoyano la tête découverte et sa lettre à la main. — Couvrez-vous, Monsieur, couvrez-vous. Si vous venez pour affaires, vous perdez votre temps, nous sommes en pays anglais ; c'est aujourd'hui dimanche... Votre capitaine eût mieux fait de vous promener encore un jour de plus au milieu de la baie... Je reconnais bien là la *Malibran*, une goëlette avec un nom de chanteuse.

Henri écoutait avec étonnement ce singulier accueil; mais il comprit de suite qu'il avait affaire à un original, et d'ailleurs le marin qui l'avait conduit jusque chez le négociant, l'avait déjà prévenu. Cependant, il crut devoir couper court aux réflexions de Camoyano en lui disant qu'il ne venait pas pour affaire, mais que M. le consul de France, qui arrivait d'Europe et en compagnie de qui il se trouvait, venait lui demander l'hospitalité.

— A la bonne heure! reprit Camoyano en mettant dans sa poche, sans la lire et toute froissée, la lettre qu'Henri venait de lui remettre; à la bonne heure! Pourquoi n'est-il pas venu?

—Mon Dieu! Monsieur, le consul craignant de vous gêner, ne voulait descendre à terre que dès qu'il apprendrait que vous voulez bien le recevoir.

— Oui, oui, toujours des cérémonies à la française pour commencer, et puis ces messieurs s'en vont sans vous dire adieu. Quand vous serez à Guatemala, vous apprendrez ce que c'est que de s'en aller à la française..Eh bien! Monsieur, ma maison est à votre disposition et à celle de M. le consul; mais comme je ne vous attendais pas, vous voudrez bien vous contenter de mon simple ordinaire pour aujourd'hui. On ne fait pas bonne chère le dimanche chez MM. les Anglais; il est vrai qu'on n'y est pas mieux les autres jours.

— Alors, Monsieur, reprit Henri, vous permettez que j'aille prévenir le consul...

— Non, non, ne vous donnez pas cette peine, laissez le consul sur la *Malibran*, il y est aussi bien qu'à terre. J'ai réfléchi, je vais lui faire préparer une chambre, et nous irons ensuite le chercher.... Vous avez peur qu'il ne s'impatiente d'attendre ; il n'est pas au bout de ses peines. Dans ce pays ci il faut s'armer de patience et de philosophie... Attendre... mais tout le monde attend ; celui qui n'attend pas ne vit pas. Nous autres Espagnols, nous remettons toujours les choses à demain. Il n'y a que les Français qui veulent toujours arriver les premiers.

Camoyano était dans un de ses jours de bonne humeur.

Henri se trouvait fort embarrassé : que dirait M. X... de ne pas le voir revenir? Au bout de quelques moments de réflexions, il chargea le nègre, qui était resté sur le haut de l'escalier, d'aller à bord de la *Malibran* prévenir le consul de la détermination de son hôte. Le nègre partit, mais il rencontra en route des compagnons qui l'entraînèrent au cabaret, et il oublia la commission.

Camoyano continuait à se promener de long en large ; il fit signe à Henri de s'asseoir et le pria de lui donner des nouvelles d'Europe. Satisfait des manières du jeune chancelier, ainsi que de son langage, Camoyano cessa enfin sa promenade et lui offrit des cigares de la Havane... — Il est encore de bonne heure, caballero, si vous voulez m'accompagner, nous prendrons du café ou du chocolat, à votre goût, ne vous gênez pas; dites à ma *negra* de vous préparer le café, comme vous l'entendrez, car je suppose que celui qu'on vous a servi à bord de la goëlette anglaise ne valait pas grand'chose... Nous irons chercher votre consul pour le déjeuner... Henri accepta une tasse de café, et le vieil Andalous, reprenant son thème favori, parla de la politique anglaise, tantôt plaisantant, tantôt raisonnant sérieusement et avec justesse... — Si la France eût compris ses intérêts, elle aurait dû, dit-il, rester toujours unie avec l'Espagne, et ne pas permettre aux Anglais de posséder un pouce de terre en Amérique... Puis il remonta à l'expédition d'Espagne, au combat de Trafalgar, dont l'issue malheureuse avait été causée par la faute de l'amiral français. La conversation se prolongea ainsi environ deux heures. Pendant ce temps-là le consul attendait toujours le retour de son chancelier ; il voulait dépêcher son domestique à terre, mais il n'y avait pas de canot. Peu à peu il perdit patience et devint blême de colère. — M. Henri, disait-il tout haut en frappant du pied, se figure sans doute que je vais coucher ici ; sa conduite est indécente. Comment! voilà trois heures qu'il est parti, et il ne paraît pas ; il ne daigne même pas me faire prévenir. Oh ! cela ne se passera pas ainsi... »

Enfin, vers les onze heures, Camoyano fit signe à deux nègres qui fumaient tranquillement sur le pont. Ceux-ci accoururent aussitôt. — Préparez-moi mon *falucho* (embarcation). — Oui, patron, répondirent les deux nègres, et ils allèrent détacher un canot qui se trouvait amarré au pied du pont, étanchèrent l'eau qu'il contenait et l'amenèrent au pied du warf (quai) au moment où le négociant espagnol, accompagné d'Henri, arrivait pour y prendre place. Dix minutes après, le canot accostait la goëlette. Camoyano franchit lestement l'escalier de corde du navire, et se trouva tout à coup en présence du consul, qui le prit sans doute pour un domestique ou *dependiente* (commis) du négociant chez qui il devait descendre. — J'ai l'honneur de parler à M. le consul de France, dit le négociant en quittant son chapeau. — A lui-même, Monsieur, répondit sèchement M. X... — M. Francisco Camoyano a pris la peine de venir lui-même vous chercher, monsieur le consul, s'empressa d'ajouter Henri... — Où est-il ? répondit le consul en lançant à Henri un regard foudroyant. — Où est-il ? répondit en riant le vieil Andalous, qui comprenait parfaitement le français ; il est parbleu devant vous, Monsieur, et il vous demande pardon de vous avoir fait attendre. Je ne voulais pas que vous descendissiez à terre avant de vous avoir fait préparer un logement. Ayez la bonté de nous accompagner ; nous enverrons plus tard chercher vos bagages... M. X... voulut s'excuser de son moment d'impatience et de vivacité ; mais le négociant ne lui en donna pas le temps, et nos trois personnages descendirent dans le canot. L'Andalous se plaça au gouvernail. Comme nous l'avons dit plus haut, Camoyano avait le coup d'œil juste. Le consul lui fit une fâcheuse impression. Cependant, il se conduisit à son égard avec une grande courtoisie, et, en arrivant chez lui, il s'empressa de lui dire : — Voici ma demeure, monsieur le consul, disposez-en comme de la vôtre ; vous n'y serez pas aussi bien que je le voudrais, mais nous ne sommes pas ici en France.

Un quart d'heure après l'arrivée de M. X... on servit le déjeuner. Suivant son habitude, Camoyano mangea peu, et adressait à sa mulâtresse des reproches à chaque plat qu'elle posait sur la table. La bonne servante, accoutumée aux boutades de son maître, ne répondait mot. Le déjeuner fut bientôt terminé. Le consul, à peine remis de sa colère, avait perdu l'appétit. Quand il se fut retiré de table, il demanda à son hôte s'il se présenterait bientôt une occasion pour Yzabal. — Je désire arriver le plus promptement possible à mon poste, disait-il, et, si cela est nécessaire, je fréterai ici une embarcation pour Yzabal, car on m'a assuré que c'est chose facile. — Ne vous inquiétez pas de cela, répondit Camoyano, ma goëlette mettra à la voile demain, et vous pourrez en profiter, à moins que vous ne désiriez connaître la colonie, ce qui est, du reste, l'affaire d'un jour ou deux. — Non, non, Monsieur, je vous remercie ; je profiterai de votre navire, et lorsque je retournerai en France, je visiterai Bélize avec plaisir. — Comme vous voudrez, Monsieur, reprit le négociant.

Maintenant, je vous demanderai la permission de m'occuper à mon tour du départ de la goëlette, et je vais donner des ordres pour faire transborder vos bagages, car je suppose que vous n'avez besoin de rien pour un aussi court séjour... Là-dessus, Camoyano, pour qui le mouvement et l'exercice étaient une nécessité, prit congé de ses hôtes, et s'embarqua de nouveau dans son canot pour aller veiller lui-même aux préparatifs du départ de la *Teresa*, c'est ainsi que s'appelait la petite goëlette qui faisait chaque semaine le trajet de Bélize à Yzabal.

A peine était-il parti, que M. X... interpella brusquement Henri, et lui reprocha de n'être pas revenu lui-même à bord lui rendre compte de sa mission. Henri, mal disposé à souffrir des reproches non mérités, lui expliqua brièvement ce qui était arrivé. Il ne pouvait se figurer que le nègre ne ferait pas sa commission. — Eh bien! Monsieur, vous deviez venir vous-même... A ces mots, Henri se redressa fièrement, lança un regard dédaigneux au consul, et lui dit sévèrement : — Monsieur, je suis las de votre manière d'agir à mon égard; jusqu'ici j'ai souffert patiemment vos persiflages et vos procédés hautains, mais je suis bien disposé à ne pas pousser plus loin la longanimité... Je suis prêt à faire mon devoir comme chancelier; mais n'attendez pas de ma part d'autres services... A ces mots, M. X... s'écria : — Monsieur, vous n'êtes ni digne ni capable de me rendre des services. — Vous me rendrez raison de ces paroles, monsieur le consul. Comme je ne veux pas ici faire d'esclandre, et que je respecte ce toit hospitalier, je vous préviens que si dans le chemin de Guatemala, dans l'endroit et à l'heure que vous choisirez, vous ne me rendez pas raison de vos outrages, je saurai vous y obliger, car je vous souffletterai... M. X..., pâle comme un homme qui va se trouver mal, se laissa tomber dans un fauteuil à bascule, dont il chercha à arrêter le mouvement oscillatoire qui semblait le rendre plus furieux, et jeta avec arrogance ces mots superbes : — Monsieur, je vous destitue ! — Monsieur, répondit noblement Henri, vous n'en avez pas le droit ; je n'ai de destitution à recevoir que de M. le ministre... La discussion allait continuer, lorsque le commerçant espagnol, M. P..., passager de la *Malibran*, arriva suivi d'un domestique qui portait sa valise. — Messieurs, je viens encore auprès de vous, et sans doute j'aurai l'honneur de vous accompagner jusqu'à Guatemala, car demain je prendrai également passage sur la *Teresa*, et je pense que vous n'en serez pas fâchés, car il est prudent de voyager plusieurs ensemble et bien armés. Les routes ne sont pas sûres, et je viens d'apprendre de mauvaises nouvelles. Henri serra la main du jeune Espagnol, et lui dit : — Mon cher Monsieur, pour ma part, j'accepte avec plaisir ; comme vous connaissez le pays, vous nous serez fort utile, et puis j'aurai plus tard un service à vous demander. — Et je suis prêt à vous le rendre de suite, si vous voulez, dit Manuel P... De quoi s'agit-il?

— Quand le moment sera venu, je vous le dirai. C'est d'ailleurs un service que vous ne pouvez pas me rendre ici. A Yzabal, je m'expliquerai...

M. X... se leva et se retira dans la chambre qui lui avait été préparée, pour rédiger, sous l'impression de la scène violente que nous venons de peindre à grands traits, un rapport fulminant contre la conduite du chancelier Henri A..., adressé au ministre. Tout ce que la jalousie, l'envie, l'amour-propre blessé, peuvent inspirer à un homme vindicatif, fut longuement allégué dans ce violent réquisitoire. Le chancelier avait manqué à ses devoirs dès le premier jour du voyage ; peu s'en était fallu que la frégate de guerre ne mît à la voile sans lui, ce qui eût été, ajoutait-il entre parenthèse, un événement heureux. Il avait mené, pendant son séjour à la Havane, une conduite légère et dissipée, et avait mainte fois manifesté des opinions hostiles au gouvernement de S. M. Il n'était pas sans danger pour la politique du gouvernement d'entretenir dans un pays étranger, luttant contre les démagogues, un employé qui devait sans doute être affilié à des sociétés secrètes. Ces calomnies, indignes d'un personnage haut placé et d'un homme bien élevé, terminaient par la narration, remplie de détails mensongers, de la scène de Bélize. M. X... demandait au ministre la démission de Henri, et l'autorisation de choisir un remplaçant *ad interim* parmi les sujets français qu'il rencontrerait à Guatemala et qui lui paraîtrait digne de sa confiance.

Henri s'entretenait avec Manuel P... dans la salle où nous les avons laissés et se doutait bien de ce qui se passait à côté de lui. Afin de ne pas laisser entrevoir à leur hôte l'événement dont sa maison venait d'être le théâtre, et comptant d'ailleurs sur l'impassibilité de de M. X..., Henri feignit une grande gaieté et proposa au jeune Espagnol d'aller faire une promenade dans la ville ; ils sortaient de la maison quand Camoyano rentra. Dès qu'il les vit se disposant à sortir, il leur dit : Qu'allez-vous faire, aujourd'hui dimanche et au plus fort de la chaleur? Attendez à ce soir et peut-être vous accompagnerai-je. Je vous mènerai au bal des nègres, monsieur le Parisien, et je vous ferai voir des danses que vos compatriotes se vantent d'avoir inventées et qu'ils ont tout simplement importées à la *Chaumière* et chez *Mabille.* Vous verrez le cancan primitif dans toute sa pureté. Seulement, dit-il en baissant un peu la voix, nous laisserons ici monsieur votre consul dont la dignité pourrait être compromise... Et à propos, où est-il en ce moment et que fait-il? — Je crois qu'il est occupé à écrire, répondit Henri. — Il ne perd pas son temps, reprit Camoyano ; je parierais qu'il fait son journal et prend des notes sur tout ce qu'il a vu aujourd'hui. Je crois qu'il a sur le cœur les heures que nous lui avons fait passer à bord de la *Malibran.* Il doit sans doute bien m'arranger, et pour peu qu'il écrive ses impressions de voyage à la manière de votre Alexandre

Dumas, il doit dire que les négociants de ce pays ressemblent à des portefaix, les maisons à des écuries; et il se mit à rire à gorge déployée. Cela me remet en mémoire, ajouta-t-il, un consul belge qui est venu également loger chez moi pendant huit jours et qui, chaque matin, après avoir bu en guise de café plusieurs petits verres de genièvre, écrivait de longs rapports à son ministre. Il avait la bonté de m'en lire quelques passages. C'était chose bien divertissante, je vous jure... « Le genièvre est encore rare dans ce pays, écrivait-il, et j'appelle l'attention de Son Excellence sur cet important article d'exportation. » Et il avait raison, car pendant son séjour à Bélize, cette liqueur fut l'objet d'une consommation inusitée. La veille de son départ pour Guatemala, je fis charger à bord de ma goëlette une vingtaine de carrés de genièvre, les seuls que je pus trouver. Un autre jour, il parlait des productions du Centre-Amérique... « *Les plantes rares sont très-communes* et les *animaux féroces fort doux*... Au lieu de choux de Bruxelles on a des choux palmistes dont un seul suffit à la nourriture d'un village. Les négresses sont fort jolies, il ne leur manque que d'être blanches. La langue des Indiens a de grands rapports avec le flamand... Le verre à vitre serait un excellent article d'exportation pour nos manufactures, car je n'ai encore vu aucune fenêtre vitrée, etc., etc. » Croyez-moi, monsieur le chancelier, tous ces détails sont vrais et historiques. Mon correspondant d'Yzabal, chez qui vous descendrez, pourra vous en fournir de plus curieux encore. Jusqu'ici j'avais cru qu'il n'y avait de Gascons que dans l'Andalousie et en France, mais j'étais dans l'erreur.

La journée se passa en conversations ; Camoyano était dans son jour de belle humeur. Le dîner eut lieu sans incident, et ainsi qu'il l'avait offert à Henri et au jeune commerçant, le vieil Andalous les conduisit au bal des nègres. M. X..., prétextant un léger mal de tête, resta à la maison. — Votre consul, dit en souriant Camoyano à Henri dont il prit le bras en sortant, n'est pas un aussi joyeux convive que le Belge dont je vous ai parlé, et il est aussi économe de paroles que l'autre en était prodigue. S'il ne s'amuse pas en voyage, il ne doit pas non plus amuser beaucoup les autres ; et il partit d'un gros éclat de rire.

Le lendemain M. X.., Henri et Manuel P... s'embarquaient sur la *Teresa*, jolie petite goëlette nouvellement construite aux États-Unis et parfaitement appropriée à la navigation de ces parages et au commerce de cabotage des ports du golfe de Honduras.

Le voyage de Bélize à Yzabal se fait en partie dans le golfe et en partie sur le *Rio dulce* et le lac d'Yzabal. Nous allons en faire une courte description.

CHAPITRE VI.

Yzabal.

Au moment de s'embarquer, Jean, le valet de chambre et cuisinier de M. X..., remit à Henri un billet conçu en ces termes : « Monsieur, après ce qui vient de se passer, vous devez considérer que nous ne pouvons plus voyager ensemble. Vous pouvez toutefois, si bon vous semble, aller jusqu'à Guatemala et attendre votre rappel que j'ai sollicité du ministre et que vous recevrez dans trois mois au plus tard. Je vous engage à vous éviter les fatigues d'un voyage inutile, et je mets dès à présent à votre disposition les fonds nécessaires pour effectuer votre retour. J'ai voulu vous éviter une scène pénible devant des étrangers. Vous expliquerez comme vous l'entendrez votre brusque changement d'itinéraire. Personne d'ailleurs dans ce pays n'en connaîtra les motifs. Décidez-vous, il en est temps encore. — Signé : Ch. X..., consul de France.

Henri lut rapidement ce billet et se prit à réfléchir. Sans doute le consul aurait accepté une rétractation du chancelier et tout eût été momentanément oublié ; le billet qu'il venait de lui faire remettre n'avait sans doute pas d'autre objet. Henri eût pu retourner à la Havane par une prochaine occasion ; il pouvait compter sur l'hospitalité de Camoyano, et qui sait s'il n'eût pas été fort avantageux pour lui d'accepter? Mais Henri avait formé un autre projet. Il regrettait de n'avoir pas offert le premier sa démission au consul et de ne l'avoir pas laissé partir seul de la Havane ; mais il ne pouvait supporter l'idée de se retirer comme un employé que l'on renvoie, comme un serviteur que l'on chasse. Le consul n'avait pas, du reste, le droit d'agir de la sorte, puisqu'il avait été nommé par le ministre et qu'il n'avait commis aucune faute relative à ses fonctions de chancelier. Il voulait, en outre, laver l'outrage reçu dans la maison du négociant, et il n'y aurait pas renoncé pour tout au monde. Il voulait aussi connaître le Centre-Amérique ; peut-être le hasard le servirait-il et trouverait-il dans ce pays nouveau moyen de s'y créer une position. Bien des jeunes gens à sa place, après les offres du négociant français de la Havane, eussent saisi avec empressement l'occasion qui venait de se présenter d'une manière aussi brusque qu'imprévue et seraient repartis immédiatement pour l'île de Cuba.

Mais le désir d'explorer une contrée peu connue, d'affronter des dangers dont on lui avait fait partout une peinture exagérée, l'emporta sur les autres projets. On allait lever l'ancre, lorsque le domestique Jean vint demander à Henri la réponse du billet que son maître attendait. — Dites à M. le consul que je reste et que je poursuis mon voyage ; plus tard je répondrai à sa lettre.

Lorsque M. X... eut appris de son domestique ces quelques mots, il pensa que le jeune homme avait fléchi et que sans doute il chercherait à se réconcilier en arrivant à Yzabal. — Si à l'avenir, se dit-il, M. Henri se comporte avec prudence, je pourrai lui pardonner, j'écrirai de nouveau au ministre pour retirer ma plainte et il restera à son poste. Je ne dois pas être longtemps condamné à vivre dans ce pays sauvage, et celui qui me remplacera s'entendra peut-être mieux que moi avec son chancelier. Il regretta un moment les termes du rapport qu'il avait fait au ministre, mais il ne voulut pas avoir l'air de céder et encore moins adresser le premier la parole à Henri. Il attendit que celui-ci vînt au-devant de lui.

La goëlette de Camoyano présentait encore moins de commodités pour les passagers que la *Malibran*. A peine pouvait-on se tenir debout dans la chambre, et la chaleur était si forte qu'on ne pouvait y rester un moment sans être suffoqué. Il fallait donc se résigner à rester sur le pont sous le vent de la brigantine et changer à chaque instant de place pour ne pas embarrasser la manœuvre. L'équipage de la *Teresa* se composait du patron et de quatre matelots, tous noirs, forts et agiles. Le patron Felipe (Philippe), mulâtre intelligent, d'une figure agréable et d'un caractère joyeux et serviable, était un excellent marin qui jouissait de la confiance de son maître. Il fit tout ce qu'il put pour être agréable aux passagers durant ce court voyage et mit à leur disposition des vivres et des liqueurs dont Camoyano avait abondamment pourvu son petit navire ; mais il ne pouvait agrandir la chambre et procurer plus d'espace aux voyageurs. M. X... et Henri ne pouvaient faire un pas sans se rencontrer et presque sans se toucher. Manuel P... rendit cette situation moins embarrassante en faisant tous les frais de la conversation et en donnant à ses compagnons de voyage la description de tous les points de la côte qui méritaient quelque attention et dont la goëlette s'approchait plus ou moins. La brise était faible, et malgré le bon vouloir du capitaine Philippe et ses nombreuses invocations à san Antonio, on filait à peine deux nœuds à l'heure. La brise cessa tout à coup vers les six heures du soir ; la goëlette se trouvait à environ un mille du petit îlot nommé *Cayo del Frances*. « Nous serons forcés de jeter l'ancre tout près du cayo Frances, dit le patron au consul ; nous allons avoir du mauvais temps, et comme la nuit doit être obscure, nous ne saurions aller plus loin. » Si vous le désirez, on va dresser le toldo (tente), et vous pourrez coucher sur le pont sans crainte d'être mouillés, à moins que vous ne désiriez rendre visite à un vieux Français qui vit seul dans cette petite île à laquelle on a donné son nom. Il y a dix ans au moins que ce brave homme s'est retiré dans cet endroit désert et vit à la manière de Robinson. Du reste, rien ne lui manque ; le brave homme possède une petite plantation qui lui rapporte suffisamment de quoi vivre : il pêche de temps en temps et fait des échanges avec les *Caraïbes* qui viennent le visiter.

On a donné improprement le nom de Caraïbes à des nègres qui vivent disséminés sur différents points de la baie de Honduras. Ils sont presque tous originaires des Antilles, et leur établissement dans l'Amérique centrale date de l'abolition de l'esclavage à la Jamaïque et à Saint-Domingue. Ce sont en général de beaux hommes, très-paisibles et vivant du produit de la pêche et de quelques fruits et racines qu'ils cultivent autour de leurs habitations. Ce sont d'excellents marins. Les coupeurs de bois d'acajou en occupent un grand nombre.

M. X... répondit au patron Philippe qu'il resterait à bord. Manuel P... proposa à Henri d'aller faire une visite au vieux Français et celui-ci ayant accepté avec empressement, ils descendirent tous deux dans un canot dirigé par Philippe et conduit par deux marins à force de *pagayes* (espèce de rames dont se servent les nègres caraïbes). La goëlette était à l'ancre. Le jour commençait à baisser lorsque le canot toucha le rivage du cayo Frances. Cette petite île faisait partie d'un groupe de cayos plus ou moins grands couverts de végétation, où les cocotiers dominaient. Le Français l'avait choisie tant pour sa position rapprochée de la côte que pour la nature de son terrain élevé et sec, constamment rafraîchi par la brise de mer. Il avait bâti sa case au milieu d'une touffe de cocotiers à peu de distance du rivage. Semblable à Robinson, ce colon solitaire avait pour compagnie un perroquet et un chien qui se mit à aboyer dès que Henri et ses compagnons eurent mis pied à terre. Il était mollement étendu dans son hamac et fumait un long cigare confectionné par les négresses du pays, lorsque l'apparition d'étrangers dans son domaine (comme il se plaisait à dire) vint le réveiller de l'espèce d'assoupissement dans lequel il était plongé tant à cause de la chaleur que des vapeurs du tabac. Dès qu'il eut reconnu Felipe, le patron de la Teresa, il lui cria en anglais : Bonsoir, capitaine et la compagnie ; puis il alluma une lampe marine, qu'il plaça sur une petite table et disposa des chaises qu'il s'empressa d'offrir aux visiteurs. Mon ami, lui dit Felipe en espagnol, je vous présente deux de mes passagers qui m'ont témoigné le désir de faire votre connaissance. Le vent ayant manqué complétement, j'ai dû jeter l'ancre devant votre propriété en attendant la brise de terre qui, si je ne me trompe, ne reviendra pas avant la sortie de la lune, c'est-à-dire à quatre heures du matin. Soyez les bienvenus, Messieurs, dit le colon en s'adressant à Henri et à don Manuel. Je ne reçois pas souvent de visites, il faut une circonstance comme celle qui vous amène pour me procurer l'honneur de vous voir. Il y a bientôt un an que vous n'étiez venu, capitaine, n'est-ce pas? — En effet, répondit Felipe, et je me le rappellerai toujours. Je fus assailli par un grain qui faillit désemparer la goëlette. . la mer n'était pas calme comme aujourd'hui... — C'est vrai, fit le Français qui disposait des verres et des bouteilles de bière anglaise sur la table. — Ah çà! reprit Felipe en désignant Henri, je vous présente un compatriote; le Français offrit sa grosse main endurcie par le travail au jeune chancelier qui la serra affectueusement. — Il y a bientôt dix ans que je n'ai pas vu de compatriote, Monsieur, et lorsque vous entriez dans mon île, je pensais à mon pays. Je vous assure, du reste, que cela m'arrive rarement. Je suis tellement habitué à l'existence que je me suis créée ici que je crois souvent n'en avoir jamais mené d'autre. Je me trouve fort heureux comme cela, je ne suis pas gêné par mes voisins comme vous le voyez, je ne fais envie à personne et je n'entends d'autre bruit que celui de la mer, du tonnerre et du vent. — Comment vous êtes-vous décidé à vous retirer dans cette solitude? fit Henri en examinant avec un intérêt facile à comprendre cet homme dont les manières et la conversation excitaient hautement sa curiosité. — Prenez d'abord un verre de bière, pays, répondit en souriant le colon, et je vous conterai cela en peu de mots [1].

[1] Nous avons cru devoir intercaler dans cette nouvelle l'histoire de ce brave Français ignorée jusqu'ici. M. Geo Squier, auteur du projet d'un chemin de fer qui doit traverser le Hondu-

Notre insulaire était un homme d'une cinquantaine d'années, d'une taille ordinaire et d'assez fort embonpoint. Ses traits un peu rudes n'avaient rien de désagréable. Ses cheveux, jadis roux, commençaient à grisonner et sa tête à se dégarnir sur le devant. Il avait le visage fortement basané, le nez aquilin, les lèvres minces, et ses yeux d'un bleu gris ne manquaient pas de vivacité. Son costume, entièrement de coutil, se composait d'une veste et d'un pantalon de planteur; il avait aux pieds des *mocassins* moitié souliers, moitié sandales, que fabriquent les Indiens du Yucatan, chaussure très-souple et très-commode malgré la grossièreté de leur façon.

— Vous désirez connaître mon histoire, pays? elle n'a cependant rien de curieux. Dans ce pays-ci, les quelques personnes qui savent que j'existe se sont plu à me prêter des aventures qui n'ont jamais existé que dans leur cerveau et m'ont fait une espèce de célébrité à laquelle je suis loin d'aspirer. Dam! un habitant de ce beau pays de France, si connu par sa sociabilité, qui vient s'exiler volontairement dans un coin ignoré du nouveau monde et se contente de la vie frugale d'un nègre, qui n'a même pas auprès de lui une créature humaine pour compagnie, tout cela est bien fait pour donner à penser! Il en est plus d'un qui suppose cha-

ras, en parle dans le dernier ouvrage qu'il a publié aux Etats-Unis sur ce pays dans un passage qui traite des îles de la Baie et de leur salubrité.

ritablement que j'ai commis quelque gros crime que je viens expier dans cette solitude. Les uns veulent à toute force que j'aie été corsaire, les autres, et c'est le plus petit nombre, mettent sur le compte de peines de cœur cette résolution que j'ai prise de vivre loin de toute société, et ils se croient d'autant plus fondés dans leur supposition que jamais femme qui vive n'a été rencontrée sous mon toit. Eh bien ! mon cher Monsieur, tous sont également dans l'erreur.

Le vieux colon vida un second verre de bière, décrocha une pipe qu'il se mit à bourrer et continua en ces termes :

« Je suis né en 1790 à Orléans. Mon père, qui appartenait à une bonne famille du Poitou, était venu s'établir dans cette ville environ dix ans avant ma naissance ; il y avait acheté l'étude d'un notaire dont il avait été le premier clerc et dont il épousa également la fille. Hélas ! je n'eus pas le bonheur de conserver longtemps ma mère, et c'est à peine si je me rappelle confusément ses traits. Arrivèrent ces affreux événements qui bouleversèrent notre patrie et jetèrent dans le deuil et la désolation des milliers de familles. La mienne fut du nombre. Mon père fut obligé de fuir d'Orléans et de vivre caché pendant plusieurs années. Ma mère, atteinte d'une maladie qui n'avait d'autre origine que ses chagrins, succomba bientôt ; j'avais alors cinq ans. Cependant les horreurs de la révolution devaient avoir un terme. Les choses changèrent de la manière que vous savez ; après

Robespierre, le Triumvirat, puis le Consulat, puis l'Empire. Mon père revint à Orléans, retrouva quelques parents de ma mère et des amis qui l'aidèrent à se faire une nouvelle position, et il m'envoya faire mes études à Paris au Lycée Bonaparte. Loin de mon père, privé de bonne heure des conseils et de la tendresse d'une mère, je passai en pension une vie très-malheureuse et que je n'ai jamais regrettée. Chaque année, j'allais passer mes vacances à Orléans. Les professeurs du Lycée n'avaient guère à se louer de mes progrès ; mais l'honorable instituteur chez qui j'étais en pension ne se souciait pas de perdre un élève qui lui rapportait un bon profit, et loin de détourner mon père de l'idée de faire de moi un avocat ou un médecin, il lui faisait des rapports magnifiques sur mon zèle, mon aptitude au travail et mes excellentes dispositions. Le brave homme se laissait facilement tromper. »

« André B..., disait mon maître de pension dans une de ses correspondances, n'a pas encore obtenu de prix cette année au collége, et c'est cependant le meilleur élève de mon institution. C'est un de ces rares sujets qui n'arrivent à briller que dans les hautes classes, en rhétorique ou en philosophie. Il ne faut pas désespérer, ce jeune homme fera son chemin. » « A cet égard, le bonhomme ne s'est pas trompé, car j'en ai fait un bien long comme vous voyez.

» Au sortir du collége, j'allai habiter le quartier latin sous le prétexte d'y continuer mes études, de me préparer au baccalauréat et de faire mon droit ; mais je rencontrai des amis de collége dont les dispositions n'étaient pas meilleures que les miennes et avec lesquels je dépensais les économies de mon pauvre père. A la fin, celui-ci se fâcha, me menaça de me couper les vivres et finit par me rappeler auprès de lui. La mauvaise fortune le poursuivait. Il fit de mauvaises affaires ; le chagrin s'empara de lui et il mourut me laissant à l'âge de vingt-trois ans maître d'un reste de fortune que je ne sus pas mettre à profit. Les parents de ma mère me vinrent en aide pendant quelque temps, puis me fermèrent la porte au nez. Je revins à Paris où je végétai pendant plusieurs années, maître d'étude dans une pension de la chaussée d'Antin. Cet affreux métier m'inspira un tel dégoût de la vie que je résolus d'en finir. Un dimanche que j'étais de garde à la pension, accablé de chagrins et de remords en jetant les yeux sur mon passé et au souvenir de mes folies de jeune homme, j'allais commettre un acte que les uns appellent un crime et les autres une folie, j'allais mettre fin à mes jours. Je montais dans la triste mansarde décorée du nom de chambre des maîtres et plus justement appelée par les élèves *chenil des pions*, quand je rencontrai un de mes collègues tenant un journal à la main et le visage tout bouleversé : « Où allez-vous donc ainsi, André, me dit-il ? je vous cherchais... Il y a du nouveau ; nous sommes menacés d'une révolution. On parle d'un coup d'État. Charles X est à deux doigts de sa perte. » Cette nouvelle ne m'étonna guère, mais elle suffit pour me faire changer d'idée. Trois jours plus tard je me mêlais dans la foule des insurgés espérant me faire tuer, et je prenais part aux plus chaudes actions de ces mémorablés journées. Comme vous le voyez, les balles m'épargnèrent; mais je fis sur les barricades la connaissance d'un jeune homme du Havre, fils d'un armateur, qui me proposa de partir avec lui en Amérique. J'acceptai avec bonheur son offre généreuse, et j'arrivai à la Nouvelle-Orléans en août 1830. J'y fis quelques affaires heureuses dans les deux premières années de mon séjour. En 1832, je faillis perdre la vie, cette fois sans le vouloir. Je fus attaqué de la fièvre jaune, et les médecins qui m'avaient fait payer cher ma guérison, me conseillèrent de voyager ; je partis avec le reste d'une petite pacotille pour Bélize où je ne restai que quelques mois et je vins m'établir définitivement sur ce petit îlot où, grâce à Dieu, je mène une existence paisible.

— Vous le voyez, ajouta le vieux colon en posant sa pipe éteinte sur la table et en s'adressant à Henri, mon histoire est bien simple et n'a rien de romanesque.

—Je la trouve bien intéressante, répondit celui-ci, et je vous promets que je ne l'oublierai jamais.

Le capitaine Felipe avait écouté très-attentivement et avec un grand intérêt l'histoire que nous venons d'abréger le plus possible et racontée en espagnol. Une fois terminée, il se leva et alla examiner l'état de l'atmosphère. Des nuages noirs descendaient rapidement de la cime des montagnes vers la mer, poussés par une brise qui remplissait l'air d'une forte odeur de végétation vierge et sauvage. — Nous allons avoir de l'eau, dit-il en rentrant ; si ces messieurs veulent retourner à bord, je suis à leur disposition... — Certainement, répondirent en même temps Henri et don Manuel. — Restez, Messieurs, je vous en prie, dit à son tour le vieux colon ; vous serez mieux ici qu'à bord de la goëlette, qui ne tardera pas à danser sur son ancre ; j'ai ici des hamacs et un lit, vous n'avez qu'à choisir... Le patron attendait la décision de ses passagers. Ceux-ci acceptèrent l'invitation du Français, et Felipe, ayant réveillé ses matelots qui dormaient couchés à l'entrée de la case, retourna à son bord où il trouva M. X... profondément endormi sur un matelas que son domestique avait placé sous la tente.

Une heure après éclatait un violent orage, et la *Teresa*, qu'on distinguait parfaitement à la lueur des éclairs, se balançait fortement au milieu des flots agités.

— Vous voyez, Messieurs, dit le colon en fermant la porte de sa chaumière, que vous avez bien fait de rester ici. Votre compagnon de voyage n'est pas aussi à l'aise que vous, et il ne passera pas une nuit fort agréable. En effet, André ne se trompait pas. Réveillé en sursaut par le bruit de la foudre, la violence du vent et la clarté des éclairs, M. X... appela de toute la force de ses poumons son domestique qui dormait à ses côtés, et le fit lever pour lui demander si le capitaine était revenu. Ce dernier, qui n'était pas couché, s'empressa de rassurer le consul qui ne s'était jamais trouvé à pareille fête. — Ne craignez rien, monsieur le consul, c'est un petit orage ; dans deux heures tout sera fini : la lune se lèvera, et avec la brise de terre nous continuerons notre chemin. Nous ne sommes pas à l'époque des forts orages ; ceci n'est qu'une averse insignifiante, un *chubasco* d'enfant... M. X... s'enveloppa dans une grosse couverture, et se tourna sur son matelas de manière à ne pas être ébloui par les éclairs, et continua à s'entretenir avec le patron de la goëlette, qui, habitué à ces conflits des éléments, journaliers dans la baie de Honduras, aurait préféré dormir que de tenir compagnie à M. X... qui ne pouvait plus fermer les yeux.

Henri et Manuel vidèrent encore quelques verres de bière, et passèrent, couchés chacun dans un hamac, une excellente nuit. Il était cinq heures du matin quand le canot vint les chercher pour les conduire à bord. Le bon Français les accompagna jusqu'à la plage et leur souhaita un bon voyage... — Adieu ! pays, dit-il en échangeant une poignée de main avec Henri ; tâchez de ne pas être plus malheureux que moi : si vous revenez jamais par ici, n'oubliez pas la *posada* (l'auberge) ! — Je n'oublierai ni l'hôte ni son charmant *ajoupa*, répondit Henri... Tenez, vous m'avez donné des idées que je n'avais pas... cela me fera réfléchir... Et le canot ramena à bord les deux passagers enchantés de l'excellent accueil du brave colon.

L'orage grondait encore au loin quand la *Teresa* quitta le parage du cayo Frances, favorisée par une forte brise de terre (terral); elle perdit bientôt de vue les îlots de la baie et fit route vers l'embouchure du *Rio dulce,* se tenant toujours très-près de la côte et doublant plusieurs pointes de terre couvertes de mangliers touffus, dont les mille branches aux formes capricieuses, et garnies de longues racines adventives plongées dans la mer, formaient de sombres arcades de verdure. L'air, rafraîchi par la tourmente, était chargé d'effluves embaumées; des bandes d'oiseaux, se dirigeaient vers la mer pour se livrer à la chasse des poissons, et des nuées de perroquets saluaient par leurs cris joyeux les premières lueurs de l'aurore qui précède à peine de quelques minutes le lever du soleil dans les régions intertropicales. De temps à autre on rencontrait, voguant à peu de distance du rivage, de petites pirogues montées par des nègres pêcheurs. Le ciel, entièrement dégagé de nuages, se montrait de nouveau dans toute sa pureté, et le soleil radieux apparaissait à l'horizon. Le terral cessa, d'abondantes vapeurs s'élevèrent au-dessus des forêts, comme ces nuages de gaze légère que nos grands théâtres emploient dans leurs splendides décorations, et cachèrent en peu d'instants la cime élevée de la Cordilière. Ce magnifique spectacle, bien fait pour remplir l'âme de douces émotions, tenait en contemplation le jeune chancelier, encore tout impressionné du récit d'André, le colon solitaire. M. X... se promenait sur le pont, cherchant à se remettre des fatigues de la nuit, tandis que Manuel P... surveillait le nègre et le domestique du consul occupés des préparatifs du déjeuner.

A la brise de terre succède presque toujours dans ces parages un calme qui dure plus ou moins de temps avant l'arrivée de la brise de mer. La goëlette s'était tout à coup arrêtée ; les voiles, que le vent ne gonflait plus, se balançaient lourdement sur leurs vergues, et les marins, interrogeant l'horizon, priaient *san Antonio*, leur patron, de faire venir la brise. — Nous allons déjeuner, Messieurs, dit le capitaine Felipe, en attendant la brise de mer ; elle ne doit pas tarder : voyez plutôt les rides que forme la mer vers l'est ; encore une pointe à doubler (*punta placencia*), et nous passerons la barre de la rivière vent arrière. Cette prédiction s'accomplit à la lettre. A peine le déjeuner terminé, la goëlette, changeant de manœuvre, se dirigea d'abord vers la pointe monabique, dont on apercevait les rives lointaines au sud-est, puis vira de bord, et mit le cap sur la rivière d'Yzabal, autrement appelée *Rio dulce*.

CHAPITRE VII.

Rio dulce. — Le fort San-Felipe. — Le lac d'Yzabal.

Le mardi 2 mars, à 4 heures du soir, la *Teresa* passait la barre qui obstrue malheureusement l'embouchure du Rio dulce et ne permet pas aux gros navires de remonter cette magnifique rivière et d'aller jeter l'ancre à Yzabal. Cet inconvénient, qui nuit au commerce de Guatemala en augmentant le fret des marchandises qui doivent être transbordées des navires européens sur de petites goëlettes et ôte au port d'Yzabal les trois quarts de son importance, a suggéré l'idée de substituer à ce petit port intérieur celui de Santo-Tomas de Guatemala, autrefois Santo-Tomas de Castilla, l'un des plus beaux du monde et qui se trouve au fond de la baie, à dix lieues de l'embouchure du Rio dulce. Le port de Santo-Tomas, où les plus gros navires peuvent ancrer auprès du rivage et se trouvent à l'abri de tous les vents, eût fait depuis longtemps la richesse de la république de Guatemala, si l'on était parvenu à construire un chemin dans l'intérieur des terres allant rejoindre le *Camino real* d'Yzabal. Plusieurs fois le gouvernement de ce pays s'occupa de ce projet ; mais ses ressources ne lui permirent pas d'entreprendre une œuvre qui, sans présenter des difficultés insurmontables, exige, cependant, des dépenses considérables. Une compagnie belge obtint, il y a plusieurs années, le privilége d'établir une colonie à Santo-Tomas et de percer la route sans laquelle il n'y avait pas de prospérité possible. La Compagnie belge ne s'occupa d'abord que de la vente de terrains sans valeur et de l'émission d'actions qui trouvèrent en Belgique, en France et en Allemagne de candides acheteurs. Un nombre considérable d'émigrants, parmi lesquels les Allemands se trouvaient en majorité, vint s'établir et s'entasser les uns sur les autres au milieu d'une forêt vierge. La colonie fut bientôt décimée par la maladie. Cet essai de colonisation échoua complétement par la faute de ses directeurs, et le chemin commencé dans plusieurs directions ne s'acheva jamais. Sans doute, quelque jour le port de Santo-Tomas sera un des plus importants de l'Amérique centrale ; mais il est, quant à présent, impossible de se servir de cette voie de communication pour pénétrer dans l'intérieur du pays [1].

[1] Je l'ai vu à mon retour de Bélize : c'est dans l'univers entier

L'entrée de la rivière d'Yzabal est des plus pittoresques. Placé au milieu de la barre, l'observateur a peine à deviner le chemin ; les bords du fleuve se confondent, et, comme les arbres avancent jusque dans l'eau sur les deux rives, le passage se trouve masqué. A droite s'avance dans la mer une langue de terre assez élevée au-dessus du niveau de la mer où les nègres Caraïbes ont fondé un petit village appelé Levingstown, résidence d'un alcade et d'un employé de la douane, nommé Guarda. Au pied de Levingstown, en dedans de la rivière, sont entassées sur la plage des pirogues de toutes les formes et de toutes les dimensions. Les nègres de cette localité vivent la plupart du temps sur l'eau et font de fréquents voyages à Bélize, Yzabal, Omoa, Trujillo et autres points de la baie moins importants. Constamment ventilé par la brise, le séjour de Levingstown n'est pas malsain comme les autres points de la côte. Les nègres y ont des cases très-proprement tenues, et sauf quelques bananiers qu'on trouve auprès de leurs demeures, leurs plantations sont disséminées à peu de distance du rivage, sur une étendue de quelques milles.

le plus beau port qui existe : les terres qui l'environnent sont admirables : le port a la forme d'un immense fer à cheval de deux milles et demi à l'ouverture, garanti de tous les vents par des montagnes et alimenté par sept rivières qui y ont leur embouchure. Nous avons sondé à dix toises du bord ; il y avait dix-huit pieds d'eau, tous les navires les plus grands pourraient s'y ancrer, leur proue touchant à terre.

(*Comte Adhémar*, 1842.)

Les nègres Caraïbes parlent un dialecte particulier dans lequel on distingue quelques mots anglais. Ils écorchent également l'anglais et l'espagnol. Quelques *ladinos* vivent paisiblement au milieu d'eux [1]. Dès que la *Teresa* eut franchi la barre, manœuvre qu'elle exécuta assez facilement, grâce à la brise et à la marée montante, le patron fit amener les voiles basses qui n'allaient bientôt plus rendre de services. Presqu'au même moment une pirogue, montée par quatre nègres, accostait la goëlette. Après avoir passé leur frêle embarcation à l'arrière, ils montèrent lestement et se mirent à gambader joyeusement avec les autres noirs de la *Teresa*. Ils venaient ainsi à chaque voyage de la goëlette, aider les marins à remonter la rivière jusqu'à un endroit où celle-ci, s'élargissant tout à coup, donne accès à la brise et permet d'aller à la voile. Selon leur habitude, les Caraïbes avaient apporté dans leur pirogue du poisson frais, des œufs, des ananas et des bananes que le capitaine avait coutume d'acheter pour le service de son petit bâtiment. La rivière commençant à se rétrécir, il fallut employer les rames. Quand les hommes étaient fatigués de ramer, deux d'entre eux sautaient dans le canot et allaient amarrer un cordage à quelque grosse branche d'arbre de la rive, tandis que les autres tirant sur l'autre

[1] Les ladinos sont des hommes de sang mêlé : on comprend même sous cette dénomination des familles de créoles espagnoles, dont l'origine s'est perdue et qui ont vécu depuis plusieurs siècles parmi les Indiens.

bout amarré au navire le faisaient cheminer avec rapidité. Les nègres accompagnaient ces manœuvres de chants anglais et espagnols dont les échos très-sonores et très-prolongés répétaient une partie dans le lointain. Rien n'est curieux comme ce genre de voyage au milieu d'une rivière encaissée entre deux rives inaccessibles et dont les arbres séculaires, serrés les uns contre les autres, forment un rideau de verdure qui intercepte les rayons du soleil. A chaque instant la rivière forme des sinuosités. De temps à autre on découvre des rochers qui semblent avoir été taillés à pic et dont le sommet est également couvert de végétation. Un de ces rochers semblable à une vieille muraille, reste de quelque construction féodale, porte le nom de cuisine du diable (*cocina del diablo*). Plus loin l'on rencontre les pierres peintes (*piedras pintadas*). Chaque accident de terrain, chaque coude formé par la rivière a un nom connu des Caraïbes. L'eau du Rio est d'un vert foncé dans presque tout son parcours. Dans quelques endroits elle est transparente et limpide comme de l'eau de roche. Plusieurs sources que l'on aperçoit de temps à autre à travers le feuillage suinter du rocher et former une multitude de filets, rompent le silence de cette magnifique solitude. Des aigrettes au plumage éclatant de blancheur passent incessamment d'une rive à l'autre et vont se poser dans les arbres dont le pied est baigné par le fleuve, d'où elles peuvent facilement épier leur proie. Des aras à la voix rauque et au plumage cramoisi passent au-dessus des arbres et alternent avec des bandes de perruches qui vivent tranquillement dans ces parages sauvages où la main de l'homme n'a pas encore pénétré. Les beautés vierges de la rivière d'Yzabal frappent d'admiration le voyageur. Elles ont été célébrées par un poëte espagnol, Gallardo, excellent comédien, qui mourut à Guatemala, il y a quelques années. Nous regrettons de ne pouvoir donner un échantillon de cette œuvre remarquable.

Les passagers de la *Teresa*, absorbés par la contemplation du ravissant panorama qui fuyait devant eux, ne s'apercevaient pas que les heures s'écoulaient et que le jour commençait à baisser. Les rives du fleuve s'élargissaient une autre fois, la goëlette déployait de nouveau ses voiles et les nègres de Levingstown, dont le concours n'était plus utile, descendaient dans leur pirogue. Aidés par le courant et ramant à tour de rôle avec leurs pagayes, ils disparurent bientôt et l'on n'entendit plus que leurs chants joyeux. La rivière en s'élargissant prend le nom de *Golfete* (petit golfe). On voit çà et là des îlots semés de mangliers, de joncs, de hautes graminées et de balisiers fleuris ; des nénuphars, des callas et autres plantes aquatiques bordent le rivage. — A droite du spectateur s'élève le mont San-Gil, dont la forme rappelle les volcans, couvert jusqu'à son sommet d'une épaisse végétation. Les marins qui font continuellement le voyage d'Yzabal, prétendent que cette montagne mugit de temps à autre et fait entendre ce qu'ils appellent *retumbos*, comme les volcans en activité [1]. La brise de mer dont l'accès n'était plus intercepté par les rives du Rio, favorisa la goëlette et celle-ci put arriver vers les sept heures du soir, devant le fort de San Felipe, à l'entrée du lac d'Yzabal. En cet endroit les navires doivent envoyer à terre les papiers et les passeports pour les faire viser par le commandant. Le capitaine Felipe prévint les passagers des formalités qu'il y avait à remplir, mit en panne et alla lui-même à terre pour se faire dépêcher le plus promptement possible.

Le fort San-Felipe se trouve parfaitement situé. Il commande à la fois l'entrée de la rivière et celle du lac, et aucune embarcation, quelque petite qu'elle soit, ne peut passer sans être vue. Il n'y a pas non plus d'autre passage ; mais rien n'est plus triste ni plus insignifiant sous le rapport des fortifications. Celles-ci se réduisent à une mauvaise muraille qui tombe en ruine, et au milieu de laquelle se trouve une ouverture qui laisse voir un vieux canon en fonte incapable de servir. San-Felipe se compose d'une quarantaine de cases ou ranchos, dont les deux plus considérables servent d'habitations, l'une au commandant et l'autre aux pri-

[1] Le *retumbo* traduit expressivement le bruit sourd et prolongé, semblable au grondement du tonnerre, qui accompagne ou précède les explosions volcaniques. On en entend souvent pendant les tremblements de terre. Quelques sources qui mêlent leurs eaux chaudes à celles de la rivière sembleraient indiquer que le San-Gil est d'origine volcanique.

sonniers. C'est le lieu de déportation des condamnés. Ceux-ci, au nombre de trois à quatre cents, sont gardés par une faible garnison. Les prisonniers, attachés deux à deux par une chaîne rivée au pied, sont employés à divers travaux, et principalement aux défrichements, et à l'entretien des rues d'Yzabal ; mais ce travail est presque insignifiant. Le climat de San-Felipe est excessivement malsain, et le régime alimentaire des prisonniers ne vaut guère mieux. Aussi ces malheureux, parmi lesquels on remarque avec peine un plus grand nombre de *ladinos* que d'Indiens, font pitié à voir. A peine couverts par une chemise de toile de coton et un pantalon de la même étoffe, presque toujours sordides, ils portent sur leur visage patibulaire les traces de la maladie qui les consume ; ils sont maigres, jaunes et ont constamment le ventre gonflé. Vous en voyez quelques-uns couchés au soleil, trembler de cet horrible froid de la fièvre intermittente, sans parvenir à se réchauffer, malgré l'ardeur de ses rayons. Il est inutile de dire que dans ce misérable *presidio* il n'y a pas de médecin. De pauvres femmes se chargent de les soigner et leur donnent des remèdes connus d'elles seules. On voit souvent la mère, la femme ou la fille d'un de ces malheureux, le suivre dans cet affreux exil et obtenir l'autorisation d'habiter le presidio.

San-Felipe est situé sur une langue de terre. Toute la partie qui n'est pas entourée d'eau est séparée des forêts vierges par des marais inaccessibles, dont les exhalaisons engendrent les maladies dont nous avons parlé. Il est rare qu'un condamné puisse s'échapper de ce mortel séjour. Cependant, on cite un fameux assassin, qui, selon l'expression des gens du pays, *devait* plus de vingt morts (*debia mas de veinte muertes*), et parvint à tromper deux fois la vigilance de ses gardiens, et revint dans son village commettre de nouveaux crimes. Un fameux bandit, du nom de Mendez, auquel la Cour de justice de Guatemala avait fait grâce de la vie, fomenta, en 1855, une conspiration au sein du presidio, gagna les soldats et s'échappa avec la presque totalité de ses compagnons. C'est aujourd'hui un des officiers de l'armée de Walker. Autrefois le gouvernement de Guatemala envoyait également à San-Felipe les condamnés pour délits politiques ; mais il ne tarda pas à reconnaître les inconvénients de cette mesure qui mettait ceux-ci à même de débaucher les soldats et d'exciter à la révolte les autres prisonniers, dans le but d'assurer leur délivrance. Aujourd'hui, ils sont jetés dans les cachots d'un fort qui domine Guatemala, appelé Castillo de San-José. Quelques prisonniers du fort San-Felipe peuvent s'occuper des travaux de leur profession : ce sont des tailleurs, des cordonniers, des charpentiers et des forgerons. Ce sont les moins malheureux. Ce lieu d'exil n'a pas besoin de s'agrandir ; chaque année, la mort laisse suffisamment de place aux nouveaux arrivants.

Vu du passage, ce coin de terre défriché est assez

riant et ne ressemble pas à un séjour habité par des criminels. Quelques bouquets de bananier et des champs de maïs tranchent agréablement sur la végétation sauvage qui sépare cette petite colonie des terres vierges.

Enfin, le capitaine de la *Teresa* revint au bout d'une demi-heure ; il avait eu toutes les peines du monde à obtenir du commandant la permission de suivre sa route, attendu qu'une fois le soleil couché, toutes les embarcations devaient jeter l'ancre devant le fort et attendre au lendemain pour continuer leur voyage. L'État de Guatemala était à cette époque en guerre avec ses voisins, et le commandant du district d'Yzabal avait reçu des ordres très-sévères ; mais la présence du consul de France à bord de la goëlette avait aplani toutes les difficultés. Grâce à la brise, qui, ce jour-là, soufflait avec plus de force et plus longtemps que d'habitude, la *Teresa* s'éloigna rapidement de San-Felipe et s'avança, toutes voiles dehors, au milieu du lac d'Yzabal, que son étendue et ses eaux agitées font ressembler à une mer intérieure.

A neuf heures, on jetait l'ancre [1]. Quelques rares lumières accusaient l'existence d'un lieu habité et donnaient une triste idée du port principal de l'État de Guatemala. Une heure après, un employé de la douane, accompagné de deux soldats, venait s'installer sur la goëlette et annonçait aux passagers qu'ils

[1] On compte environ 100 lieues de Bélize à Yzabal.

ne pourraient descendre que le lendemain à six heures. Il n'y avait pas moyen d'aller trouver le commandant et de le prier d'accorder au consul la permission de passer la nuit à terre, le commandant n'était pas *visible;* ce qui signifiait que le commandant ne souffrait pas qu'on le dérangeât à cette heure, car il consacrait toutes ses soirées au jeu et à la débauche. Il fallut se résigner: on passa la nuit à bord.

M. X... et Henri ne se parlaient pas. M. P... s'entretenait avec le douanier des événements du jour, demandait des nouvelles des personnes qu'il connaissait à Yzabal, de l'état des chemins, et de tout ce qui avait rapport au voyage de Guatemala. — Vous ne serez pas embarrassé pour trouver des mules, lui disait le douanier, car il y a plus d'un mois qu'il ne part pas de marchandises pour la capitale; les routes ne sont pas sûres et les ennemis sont probablement, à l'heure qu'il est, à Chiquimula et à Zacapa. D'ailleurs, vous n'avez rien à craindre des troupes. Les déserteurs et quelques voleurs de grands chemins vous attaqueraient peut-être si vous vous aventuriez seul; mais en compagnie de ces messieurs et du consul, auquel on donnera sans doute une petite escorte, vous arriverez sans accident. M. X..., qui avait écouté cette conversation, rompit enfin le silence qu'il avait gardé jusque-là. — D'après ce que je vois, dit-il en s'adressant à l'employé de la douane, il est difficile d'arriver à Guatemala. — Oui, Monsieur, répondit celui-ci, et il est aussi difficile d'en sortir.

Voilà bien longtemps que cela dure, et Dieu sait quand cette maudite guerre cessera... Là-dessus, le douanier crut nécessaire de faire à ses auditeurs le résumé des événements, de leur expliquer ce que l'on entendait dans le pays par *parti servile* et *parti libéral*, et de leur donner une idée des principaux personnages qui figuraient alors dans la révolution.

Cette conversation fut interrompue par la pluie qui força chacun à chercher un abri, et la nuit se passa au milieu des incommodités les plus grandes.

Le tambour qui battait la diane à terre fit sortir les passagers de leur engourdissement, car il n'était guère possible de dormir sur cette étroite embarcation. Le jour parut et Yzabal devint visible. Situé au pied d'une immense montagne, le village d'Yzabal présentait un aspect assez triste, mais non entièrement dépourvu de charme. Sur la plage, on distinguait trois grandes maisons en bois à deux étages et quelques ranchos. Plus haut et vers la droite se dessinait une rue bordée d'une trentaine de cases couvertes en palmier, et, sur la partie la plus élevée, on voyait s'élever un grand rancho décoré du nom pompeux de *cuartel* (caserne). Dans une plaine peu étendue, à gauche, paissaient en liberté des mules et des vaches. Les défrichements de cette partie du territoire guatemalien embrassaient à peine une lieue carrée. On ne distinguait aucune culture, et la forêt vierge s'étendait partout et formait autour d'Yzabal une ceinture impénétrable. On apercevait çà et là, dans la montagne, quelques points jaunes qui reflétaient la lumière du soleil naissant et se perdaient dans d'épais nuages de vapeur, c'était le *Camino real* (*chemin royal*) par où devaient bientôt passer les personnages dont nous allons nous occuper de nouveau.

Dès qu'il fit jour, le capitaine Felipe se hâta d'aller prévenir le commandant d'Yzabal de l'arrivée du consul de France. Comme cela devait être, le commandant feignit d'être très-fâché d'avoir ignoré l'arrivée de ce personnage, qu'*il se fût empressé d'aller chercher à bord et de conduire chez lui*. Il revêtit son uniforme rouge et, accompagné de son secrétaire, jeune Guatemalien distingué qui combat aujourd'hui avec valeur l'armée du flibustier Walker dans le Nicaragua, il se hâta de faire préparer sa chaloupe et fit hisser le pavillon de Guatemala au mât du cuartel. Quelques instants après, il venait offrir ses hommages à M. X... et l'emmenait dans son canot. M. X... s'était abstenu de présenter Henri. Celui-ci pria Manuel P... de le conduire à un hôtel, s'il y en avait un dans le port, ou dans une maison où l'on voudrait bien lui accorder l'hospitalité. — Je ne pense pas, dit Manuel P..., que votre consul loge chez le commandant, et il viendra sans doute demeurer avec nous chez Don Candido Pulleyro, négociant espagnol dont vous voyez d'ici la maison peinte en rouge, et qui vous recevra avec grand plaisir.

En effet, un quart d'heure plus tard, Henri, présenté par Manuel P..., était parfaitement accueilli par Candido Pulleyro dont la maison était ouverte à tous les étrangers. Cet Espagnol faisait beaucoup d'affaires avec les commerçants de Guatemala dont il recevait les marchandises en consignation et se chargeait de leur transport à dos de mulet. Il exploitait également, en compagnie de ses associés Ampudia y Zéron, une coupe de bois d'acajou. Les révolutions lui avaient fait perdre des sommes assez considérables. C'était un homme d'une quarantaine d'années, de moyenne stature, d'une figure mâle et expressive comme celle de la généralité des Espagnols, mais fatiguée par le travail, le climat et par une existence assez relâchée, existence qui s'explique sous ce ciel brûlant et dans un pays où l'on ne rencontre aucune espèce de société.

Pulleyro, ayant appris l'arrivée du consul de France, avait fait préparer un logement à son intention et avait donné ses ordres pour un copieux déjeuner que les domestiques s'apprêtaient à servir. — Monsieur, dit-il à Henri et à Manuel P..., si vous le voulez bien, nous attendrons M. le consul qui, je l'espère, me fera l'honneur de déjeuner avec nous, car je ne pense pas que le commandant du port lui offre autre chose que force politesses et quelques cigares. Le négociant se trompait, M. X... avait accepté une invitation à déjeuner du général P..., commandant du port, tant pour ne pas se trouver avec Henri qu'il ne voulait pas présenter, que pour faire plaisir au général qui, ce jour-là, pensait faire oublier à l'agent français la mauvaise nuit passée à bord de la *Teresa*.

Le domestique que Pulleyro avait envoyé chez le commandant revint annoncer à son maître que le consul le remerciait beaucoup de son invitation ; mais qu'il ne pouvait en profiter. Pulleyro parut assez fâché ; il n'aimait pas le général et il lui en voulait de lui avoir ôté la satisfaction de recevoir, le premier à sa table, un hôte qu'il attendait. En ce moment, le domestique du consul vint avertir le négociant que, pour des motifs qu'il ne pouvait lui expliquer, il avait accepté l'hospitalité du général et qu'il le priait de ne pas se déranger pour lui. C'est bien, dit sèchement Pulleyro au domestique ; dites à M. le consul que prévenu par une lettre de mon correspondant, M. Camoyano, de son arrivée à Yzabal, je lui avais préparé un logement, et que, du moment qu'il préfère celui du général, je le regrette pour moi ; mais je n'en suis pas moins disposé à le servir dans une autre occasion. Là-dessus il fit signe à Henri et à son compagnon de prendre place à sa table et l'on déjeuna longuement et gaiement. Pulleyro reprit sa bonne humeur habituelle et conta à Henri une foule d'histoires, les unes simplement scandaleuses, les autres terribles et dramatiques sur le compte des généraux du pays et sur celui du commandant du district en particulier.

Le général P... avait joué un rôle important dans les guerres du pays, et s'était fait remarquer par plusieurs actes de cruautés. Il était craint dans tout l'État, mais surtout à Yzabal et aux environs. Jouissant d'un grand crédit auprès du général Carrera, qui tenait entre ses mains les destinées de Guatemala et le gouvernait de fait, P... ne craignait jamais d'être désapprouvé et agissait un peu en tyran. Cependant, ce général descendant de parents espagnols, d'une haute stature et d'une belle figure, avait des manières très-distinguées. Il recevait les étrangers avec une grande affabilité et se plaisait à leur rendre service. Il raisonnait très-justement sur les affaires de son pays, et témoignait une instruction en général peu commune chez les militaires du Centre-Amérique.

Nous avons dit que M. X... n'avait pas voulu présenter le chancelier au général P..., il s'était contenté de lui dire qu'il était venu en compagnie de deux passagers. Henri n'avait nullement envie d'aller visiter le commandant où il serait forcé de rencontrer M. X... Cependant il était loin de se douter d'un incident que nous allons raconter en peu de mots. Pulleyro avait frété pour le compte du jeune négociant espagnol Manuel et de Henri, des mules de selle et des mules pour le transport de leurs bagages, et, n'ayant plus entendu parler du consul, il ne s'en était pas occupé. Henri était décidé à faire ce voyage de son côté, comptant néanmoins dire deux mots à M. X... dans le chemin, comme il l'en avait prévenu, au moment de se mettre en route. Henri ne fut pas peu étonné de recevoir de la bouche d'un soldat l'ordre de se rendre en toute hâte à la commandance ; don Manuel reçut également la même invitation. Pulleyro riait à se tordre les côtes de voir l'étonnement de ses hôtes. — Sans doute, leur dit-il, vous avez oublié une formalité indispensable pour toute personne qui se rend dans l'intérieur, vous n'avez pas été rendre visite à Son Excellence le grand général, et en ce moment il se donne la satisfaction de vous retenir quelque temps au moment de votre départ... Henri et son compagnon se rendirent à la commandance. Le général était en train de causer avec M X... quand le soldat lui annonça l'arrivée des deux jeunes gens. Il se leva aussitôt, vint au-devant d'eux et les pria de l'excuser s'il les avait fait déranger. Messieurs, je sais que vous êtes arrivés à bord de la *Teresa*, et que vous vous disposez à aller à Guatemala. Je dois viser vos passeports, afin que vous puissiez poursuivre votre voyage sans encombre. Vous êtes étranger, Monsieur, ajouta le général en s'adressant à Henri.—Oui, monsieur le commandant, je suis Français, et, de plus, chancelier du consulat de France à Guatemala..... Comment! fit étonné le général, vous êtes chancelier, et M. le consul ne m'en avait rien dit; vous m'avouerez, ajouta-t-il franchement, que je dois être surpris du silence de M. X..., et, se tournant vers celui-ci qui se trouvait assis à l'autre extrémité de la salle, occupé à lire des gazettes..., « Senor X..., je ne comprends pas pourquoi vous ne m'avez pas fait l'honneur de me présenter votre chancelier, je me serais fait un plaisir de le recevoir; mais j'espère être dédommagé plus tard, n'est-ce pas, Monsieur, s'adressant de nouveau à Henri? — Monsieur le général, je regrette infiniment de ne pouvoir accepter votre aimable invitation; mais je pars à l'instant même avec don Manuel, qui a bien voulu accepter ma compagnie ; cependant j'aurai peut-être la satisfaction et l'honneur de vous revoir une autre fois. » M. X... s'étant levé, et ayant fait quelques pas, les regards baissés sur le sol, allait sans doute donner quelques mots d'explication, lorsque Henri donna son passeport au général qui y apposa le sceau de la commandance et le signa. Don Manuel fit de même, et les deux jeunes gens prirent congé du général, qui, comprenant qu'il y avait entre le chancelier et le consul quelque brouille qu'il ne lui importait pas de connaître, n'en demanda pas davantage, et souhaita aux deux étrangers un prompt et heureux voyage.

Ils revinrent chez Pulleyro qui les attendait dans la cour, enfourchèrent leur monture et partirent au galop ; le négociant avait voulu leur donner un pas de conduite, et montait une superbe mule noire. « Eh bien ! ne vous l'avais-je pas dit, s'écria Pulleyro, M. le commandant général et Corrégidor a voulu vous montrer qu'on ne vient pas à Yzabal sans avoir l'honneur d'aller lui rendre ses hommages, et qu'on ne peut pas voyager sans son consentement... Maintenant, je dois vous donner un conseil. Tenez vous sur vos gardes, ne vous éloignez pas trop de vos mules de charge ; en cas d'événement, tenez vos armes en bon état, et revenez sur vos pas si vous apprenez quelque mauvaise nouvelle. Je crois bien fermement qu'il ne vous arrivera rien ; mais il est toujours bon d'être sur ses gardes. Mon domestique qui vous accompagne connaît parfaitement le pays, et il pourra vous faire passer par des chemins de traverse en cas de nécessité. Je viens d'apprendre que votre aimable consul doit se mettre en route aujourd'hui même, et il est probable qu'il fera tout son possible pour vous rejoindre. Le général, qui craint d'un moment à l'autre une attaque, et qui, soit dit entre nous, tremble comme une vieille femme, n'ose pas détacher quelques hommes pour lui faire une escorte. Du reste, cela vaut mieux pour vous. Une escorte d'une vingtaine de ces misérables soldats vous embarrasserait et attirerait l'attention de l'ennemi, qui est au courant de tout ce qui se passe ici. »

Le négociant avait raison. Pendant les guerres de ce pays, les commerçants ne sont jamais inquiétés par les troupes ennemies; mais les soldats du gouvernement, quand ils sont en petit nombre, sont toujours attaqués, et, dans ces contrées montagneuses, où les embuscades sont faciles, il n'est pas bon de se trouver dans la mêlée. D'Yzabal à Güalan, grand Pueblo, situé à vingt lieues de distance, il n'y avait aucun danger à courir; c'était aux environs de Guatemala que les précautions devenaient nécessaires. Pulleyro accompagna ses hôtes jusqu'au pied de la montagne, leur réitéra ses recommandations, et, après leur avoir fait ses adieux, revint à Yzabal.

Deux heures plus tard, M. X... se mettait également en route, suivi de son domestique et de ses *arrieros* (muletiers), poussant devant eux une dizaine de mules chargées de bagages. Le général P... et son secrétaire l'accompagnèrent également pendant une demi-heure environ.

CHAPITRE VIII.

La montagne du Mico. — Quirigüa. — La Palmilla. Le Rio-Motagua, Iguana et Güalan.

Nous avons dit qu'Yzabal se trouve au pied d'une montagne que l'on aperçoit du lac. C'est une des nombreuses ramifications de la Cordilière, qui, traversant l'Amérique centrale dans toute sa lougueur, du sud au nord, rétrécie par les deux Océans à l'isthme de Panama, présente des crêtes élevées dans la république de Costa-Rica, s'aplanit dans le territoire de Nicaragua pour faire place aux deux grands lacs de Nicaragua et Managua, se redresse dans les Etats de Honduras et de Salvador, et se bifurque pour présenter les points les plus élevés dans la république de Guatemala. L'une de ces bifurcations se dirige vers le nord-ouest, et l'autre vers le nord-est, puis forme enfin des ramifications de plus en plus élevées dans le Mexique et la Californie. La montagne d'Yzabal porte, du côté de ce petit port intérieur, le nom de montagne du Mico ou du Singe, à cause d'une espèce de singes hurleurs qui vit dans ses bois touffus. La montagne d'Yzabal n'était plus, à l'époque où se passent les événements que nous essayons de raconter, aussi difficile à franchir qu'environ dix ans auparavant; il fallait quelquefois employer quatre jours pour faire douze lieues, et c'est surtout aux environs d'Yzabal que le chemin était tellement impraticable que des Espagnols que nous avons connus avaient renoncé au projet de revenir en Europe pour ne pas être forcés de la traverser une seconde fois. Le *consulado* de commerce de Guatemala a englouti des sommes énormes pour rendre ce chemin à peu près viable, et cependant, malgré tous ses efforts, il faut encore aujourd'hui de bonnes mules pour faire un peu plus d'une lieue à l'heure. La nature du sol, presque partout formé par une argile micacée, et les pluies continuelles contribuent à rendre la route impraticable dans toutes les saisons. Des ravins et des torrents sans nombre empêchent de lui donner une autre direction. Les parties que l'on pave de temps à autre ne résistent pas à la force des pluies torrentielles qui déchaussent les pierres et les entraînent dans toutes les directions. Les mules qui traversent constamment cette unique voie de communication, battent l'argile délayée par l'eau et forment une espèce de rivière fangeuse dans laquelle elles s'enfoncent souvent jusqu'au poitrail. Rien n'est pénible à voir comme les efforts que font ces pauvres animaux chargés de lourds fardeaux pour gravir des pentes où ils glissent à chaque instant et trébuchent contre des obstacles de toute nature; souvent on rencontre dans d'étroits défilés des convois de marchandises de plus de cent mules, et dont on a toutes les peines à se garer; il est vrai qu'on est prévenu quelque temps à l'avance par les cris incessants des arrieros et le son des cloches des mulets. Si l'on ne considère que la fatigue de montées et de descentes à perte de vue et qui se prolongent jusqu'à la première étape (environ six heures), le voyage n'a rien d'agréable; mais on est amplement dédommagé par les magnificences de la végétation qui borde la route, par les accidents de terrain et les admirables points de vue dont on jouit à tout moment. Rien n'est beau comme la vue du lac d'Yzabal prise des hauteurs de la montagne du Mico; et rien de plus surprenant ni de plus pittoresque que celle qui se découvre à partir de la ferme du Mico, où la forêt vierge cesse tout à coup pour faire place à des montagnes couvertes de pins élancés. Dans plusieurs endroits, ces arbres verts sont rangés avec une telle symétrie qu'on dirait qu'ils ont été plantés par la main des hommes; ce contraste, entre la végétation luxuriante des tropiques et celle des arbres verts qui rappelle la froide Europe, surprend toujours le voyageur. La nature du sol a également changé; toute cette partie occupée par les pins est pierreuse et laisse voir de temps à autre des rochers dénudés de végétation, et d'origine trappéenne et basaltique ; comme elle est très-élevée au-dessus du niveau de la mer, l'air qu'on y respire est plus frais et plus sec que dans les autres parties basses. La brise agite sans cesse le feuillage embaumé des arbres résineux et produit un bruit qui ressemble au murmure d'une rivière. De temps à autre le terrain se creuse : une autre fois les pins sont remplacés par des palmiers, des fougères, des héliconias et des bromélias semés dans un terrain marécageux, puis l'on remonte encore pour se trouver au milieu des pins. La première partie de la montagne du Mico, c'est-à-dire le versant E. qui regarde Yzabal est arrosée par des torrents et des ruisseaux d'eau vive, dont plusieurs traversent le *Camino real*.

C'est au bord d'un de ces ruisseaux, qui se nomme *Fuente del Muerto*, que nous retrouvons, à deux lieues d'Yzabal, Henri, son compagnon le jeune négociant espagnol et le domestique de Pulleyro. Nos voyageurs, séduits par la beauté du site et la fraîcheur du ruisseau, avaient mis pied à terre, dans le but de permettre un moment à leurs montures de reprendre haleine et de se désaltérer. — Si vous êtes de mon avis, fit don Manuel, nous fumerons ici un cigare pour nous reposer, et nous continuerons ensuite notre route. Nous ne pouvons pas faire grand chemin aujourd'hui, car nos bêtes ont besoin d'être ménagées ; la première journée est toujours plus fatigante pour les mules comme pour les cavaliers. — Je ferai tout ce que vous voudrez, don Manuel, répondit Henri, et je suis d'autant plus aise de me reposer ici que cet endroit est vraiment enchanteur. José, le domestique, étendit à terre une grande peau de mouton (*pellon*) qui recouvrait sa selle, et nos deux jeunes gens s'assirent au bord de l'eau. — Maintenant, vous pouvez me dire, reprit don Manuel, quel service vous attendez de moi ; car depuis Bélize je n'ai pas eu le temps de vous en parler.—Volontiers, répondit Henri... Vous avez dû facilement deviner qu'il s'est passé entre le consul et moi quelque chose d'extraordinaire, puisque nous ne nous parlons pas et nous ne voyageons plus ensemble, bien que le but de notre voyage soit le même, et que nous soyons partis de France, chargés par notre gouvernement, lui du consulat et moi de la chancellerie de Guatemala.—En effet, j'ai remarqué tout cela, et, dans la crainte de commettre une indiscrétion, je ne vous en avais pas parlé. — Eh bien ! tandis que vous vous occupiez de vos affaires à Bélize, il s'est passé dans la maison de Camoyano une scène dont fort heureusement personne n'a été témoin, et qui me force à demander raison au consul de la conduite indigne qu'il a tenue à mon égard depuis mon arrivée à la Havane et de l'insulte qu'il m'a faite à Bélize... Hénri s'exaltant de plus en plus, raconta dans tous leurs détails les nombreux griefs qu'il avait à reprocher à M. X..., et lui déclara que son intention bien arrêtée était d'exiger de celui-ci une complète réparation. Don Manuel espérait détourner son compagnon de ce violent projet; mais il ne put y parvenir. — Mon cher monsieur, vous êtes Espagnol et vous me conseillez de tout oublier ! s'écria Henri en se relevant. Vous ne voulez sans doute pas me servir de témoin ! — Pardonnez, mon ami, je comprends, d'après ce que vous venez de me dire, tout ce que la conduite de ce monsieur a de répréhensible ; je comprends que vous teniez à laver une injure semblable à celle qu'on vous a faite si gratuitement. Parbleu ! à votre place et dans d'autres lieux, je n'eusse sans doute pas moi-même attendu si longtemps ; mais vous êtes ici en pays étranger, vous avez besoin, par égard pour vos compatriotes et pour vous-même, de ne pas faire de scandale ; on donnera raison au consul, parce que sa position est supérieure à la vôtre ; vous n'aurez personne en votre faveur, et vous mènerez à Guatemala une existence insupportable... Cependant, se hâta d'ajouter don Manuel, je suis prêt à vous servir de témoin, si les choses en arrivaient au point de rendre un duel inévitable. — Je vous promets, dit Henri, que personne ne saura rien de tout ce qui s'est passé jusqu'ici, si M. X... veut se rétracter avant d'arriver à Guatemala. Nous devons nous rencontrer en chemin, c'est dans le chemin même que j'aurai une explication avec lui ; s'il ne veut pas me donner satisfaction, s'il refuse de se battre, je le soufflèterai comme un misérable, et, je connais l'homme, il ne s'en vantera pas. Je resterai à Guatemala le temps nécessaire pour me reposer, j'irai à San-Salvador trouver un personnage pour lequel on m'a donné une lettre de recommandation, et là j'aviserai au parti que je dois prendre.....

Don Manuel essaya vainement de faire changer d'avis le jeune chancelier. Tous deux remontèrent sur leur mule et continuèrent à cheminer lentement, montant et descendant tour à tour au milieu des pierres, de l'eau et de la boue, assaillis par des nuées de moustiques et de mouches jaunâtres, étourdis par l'ardeur du soleil et le cri strident de milliers de cigales. Enfin, le chant du coq et des aboiements lointains leur indiquèrent qu'ils s'approchaient de la première étape. Après avoir descendu une pente rapide au milieu des pins, ils aperçurent quelques misérables cases semées au bord du chemin, non loin d'une rivière, et au milieu d'un sité sauvage ombragé par d'immenses palmiers. C'était le village de Quirigüa.

Quirigüa, c'est le nom d'une ville considérable, bâtie par les Astèques à l'époque où florissait la magnifique Anahuac (Mejico). Ses ruines mystérieuses sont aujourd'hui ensevelies à environ trois lieues du triste village qui porte son nom, sous des arbres gigantesques. Une forêt impénétrable occupe maintenant la place des temples et des palais, et sert de repaire aux tigres et aux couguars (lions d'Amérique). Qui sait si, dans quelques années, la race anglo-saxonne, débordant du nord où elle se trouve à l'étroit, n'aura pas élevé à son tour dans ces solitudes des villes bruyantes et des chemins de fer? Qui sait si ces ruines séculaires ne serviront pas de fondations à d'immenses fabriques, à d'autres temples et à d'autres palais?

Henri et son compagnon s'arrêtèrent devant la case la plus apparente du pueblo. C'était la maison de l'alcalde, ladino vêtu d'une chemise blanche et d'un pantalon de toile, occupé en ce moment à raccommoder un filet. A la vue des deux étrangers, il leur fit de sa place signe de descendre de cheval et appela sa femme, jeune mulâtresse qui tenait son enfant dans ses bras. Celle-ci, après avoir salué les voyageurs, s'empressa d'ouvrir une porte formée de pièces de bois grossièrement équarries et qui fermaient un enclos nommé Corral, destiné aux montures des passagers. Le domestique dételа les mules et annonça à la maîtresse du logis que l'*équipage* (les bagages) ne tarderait pas à venir et qu'il fallait se procurer du fourrage en conséquence ; — l'alcalde se leva, accrocha son filet dans l'intérieur de sa case et présenta des chaises de cuir et un hamac à Henri et à son compagnon, après leur avoir donné à chacun une poignée de main accompagnée d'un respectueux salut et de la formule consacrée : *Muy buenos dias, caballeros, aqui estan uu en su casa!* Bonjour, Messieurs, vous êtes ici dans votre maison!

Dans toute l'Amérique centrale, on rencontre la même hospitalité. A quelque case que le voyageur s'adresse, il est sûr de rencontrer bon accueil. Il est souvent étonné de l'air taciturne et de la nonchalance de ses hôtes ; mais il ne tarde pas à voir que ces apparences qui caractérisent en général les habitants de ces contrées brûlantes et sauvages, n'influent aucunement sur leur générosité naturelle. Souvent toute une famille abandonne sa demeure et se prive de ses lits et de ses meubles pour loger des étrangers et ils se donnent plus de peine et plus de travail pour leur procurer des vivres et toutes les choses qu'on leur demande que pour eux-mêmes. Pourquoi faut-il que la guerre civile ne cesse d'ensanglanter un des plus beaux pays de la terre? pourquoi faut-il que le fusil remplace la bêche et la serpe qui devraient défricher ces forêts vierges et couvrir le sol de trésors? pourquoi faut-il que ces Indiens paisibles soient à tout moment arrachés à leurs familles pour prendre part à des luttes dont ils ne retirent aucun profit et auxquelles ils n'échappent que pour revenir démoralisés et vicieux?

Telles étaient les réflexions d'Henri en contemplant du seuil de la case le riant paysage qui se développait à ses pieds, les cabanes dispersées au milieu des palmiers et des bananiers, la limpide rivière de Quirigüa, coulant sur un fond de sable brillant, au milieu de laquelle se baignaient de jeunes enfants dont les cris joyeux arrivaient jusqu'à lui. Sur le bord de l'eau, ombragées par les larges feuilles palmées des Cécropias et des Ricins, des mulâtresses et des femmes de métis lavaient dans des vases de calebasse le maïs qui devait servir de pain (*tortillas de maïs*); d'autres étalaient sur des pierres du linge nouvellement blanchi. De l'autre côté du rio, sur une jolie pelouse, des muletiers avaient dressé leur tente pour mettre les colis à l'abri de la pluie, et préparaient leurs aliments dans une vaste chaudière suspendue par des piquets au-dessus d'un feu flamboyant. Çà et là les mules se roulaient sur l'herbe et se dédommageaient des fatigues de la route. Des oiseaux au brillant plumage sautaient de branche en branche sur les arbres touffus qui bordaient la rivière et remplissaient l'air de leur joyeux gazouillement.

Lorsqu'on se trouve au milieu de ces belles contrées, en présence de ces magnificences dont la nature a doté si généreusement cette partie du nouveau monde, on se sent sous l'influence d'un charme indicible. On ne se rappelle plus la vieille Europe et les prodiges de la civilisation ; on oublie avec plaisir le bruit et les splendeurs des villes et l'on se sent vivre d'une vie nouvelle. Telles étaient les impressions que ressentait Henri, appuyé les bras croisés contre le mur de bambous de la maison de l'alcalde.

Nos deux voyageurs firent un repas frugal que l'appétit et la fatigue de la route leur firent trouver excellent, et ils allèrent se promener au bord de la rivière pour jouir des dernières clartés du jour. Le lendemain matin ils reprirent leur route à travers la montagne, firent une courte halte dans une hacienda appelée *Palmilla* où on leur servit du lait chaud, et arrivèrent au bord d'un fleuve majestueux, la Motagua [1].

[1] La Motagua prend sa source non loin de Quiché, département de Sololà, à 30 lieues N. de Guatemala, puis se dirige par le N.-E. jusqu'à la mer des Antilles, où elle débouche par la

Cette rivière, aperçue des hauteurs, présente un coup d'œil enchanteur. Çà et là, on distingue des plantations de bananiers et de cannes à sucre et quelques cases habitées par des métis qui vivent de la pêche et font de temps à autre le trafic de la salsepareille abondante dans ces parages. En s'approchant du Rio, le chemin présente des pentes rapides où les pierres et la boue forment de nombreux obstacles ; on traverse des bois épais garnis de palmiers épineux et de citronniers et l'on arrive enfin sur la plage sablonneuse qui reflète vivement les rayons d'un soleil ardent. On traverse le Rio-Motagua en deux endroits, au *Barbasco* et aux *Encuentros*. Henri et don Manuel arrivèrent au premier de ces parages en même temps que les muletiers qui avaient pris les devants. On détela les mules que l'on fit passer à la nage, et les voyageurs prirent place avec leurs bagages dans un gros tronc d'arbre d'une soixantaine de pieds de longueur, creusé en forme de pirogue et appelé *bongo*. Quelques instants après, ils firent un léger repas pendant qu'on chargeait de nouveau les mulets et reprirent le *Camino real*, presque aussi accidenté que celui qu'ils venaient de quitter. A trois lieues de la rivière se trouve, sur un joli plateau entouré de collines couvertes de pins et de bois touffus, une ferme qui appartient encore aujourd'hui à un vieux marin portugais nommé Joaquin Ferro. Cette hacienda s'appelle *Iguana*. Son

côte Honduras. Son cours total, y compris les détours de son lit est d'environ 100 à 110 lieues.

propriétaire y possède de nombreux troupeaux de bêtes à cornes et de mulets.

Il était environ trois heures lorsque les voyageurs firent leur entrée dans la cour de la ferme où ils furent accueillis par les aboiements d'une meute de chiens. Descendez, Messieurs, dit le criado José à ses maîtres, ici nous n'avons pas besoin de demander la permission à qui que ce soit, c'est la posada de tous les voyageurs. Quand le maître de la maison est chez lui et se trouve de bonne humeur, il vient visiter ses hôtes et les fait monter dans son appartement ; quand il n'y est pas, les voyageurs restent dans cette salle que vous voyez devant vous et l'on s'entend avec le majordome pour tout le reste.

Joaquin Ferro, le maître de l'hacienda, dormait la sieste quand nos jeunes gens entrèrent chez lui ; mais réveillé par les aboiements de ses chiens, il se leva de son hamac, s'avança sur le seuil de sa porte, et, s'inclinant sur la rampe de l'escalier, il se mit à examiner attentivement ses nouveaux hôtes, qui, occupés de se débarrasser de leurs armes et de leurs guêtres, ne l'aperçurent pas d'abord. — Tiens, te voilà, cria don Joaquin au domestique José qu'il connaissait depuis longtemps, comment diable as-tu fait voyager ces messieurs à une heure aussi peu favorable ? ils doivent être cuits ou à peu près, et il accompagna ces paroles d'un gros éclat de rire saccadé.

— Quels sont ces messieurs que tu m'amènes ? reprit-il en sortant de sa poche un briquet espagnol (*eslabon*), dont il tira du feu pour allumer son cigare... Ce sont deux étrangers, un Espagnol qui vient de la Havane, et un Français qui est quelque chose comme consul; du reste, vous saurez bientôt cela mieux que moi. — Et où vont-ils de ce pas? — Ils ont l'intention d'aller coucher à Gualan. Nous allons avec votre permission nous reposer un instant ici..... C'est bon, c'est bon, reprit don Joaquin, si tu as besoin de quelque chose, Mariano va revenir de la Savane... et le Portugais rentra chez lui. Pendant ce dialogue, Henri et Manuel avaient accroché chacun un hamac dans la salle basse de la maison, et s'apprêtaient à s'y étendre pour goûter le repos dont ils avaient grand besoin, lorsque le Portugais, attiré par la curiosité et le besoin de causer, vint à eux, les salua comme des personnes connues, puis leur faisant signe de ne pas se déranger, il se fit connaître comme le maître de la maison, et leur offrit l'hospitalité pour tout le temps qu'ils en voudraient profiter.

Don Joaquin Ferro était établi dans le pays depuis fort longtemps, et passait une partie de l'année dans sa ferme, et l'autre à Zacapa, ville située à quinze lieues de distance où résidait sa famille. D'une taille moyenne, très-brun, d'un visage peu agréable auquel des yeux noirs légèrement obliques donnaient un aspect étrange, le Portugais, âgé alors d'une quarantaine d'années, était vêtu à la manière des gens du pays, ou pour mieux dire des Indiens. A cause de la chaleur, il n'avait sur lui qu'une chemise blanche passée par-dessus un pantalon de coton écru, chaussait des mocassins sans bas, et avait la tête couverte d'un petit chapeau de palmier dont la finesse était la seule distinction qui eût pu faire reconnaître le fermier portugais de ses *vaqueros*. Doué d'une excellente mémoire, il se rappela avoir vu en passant Manuel P... dans un voyage que celui-ci avait fait plusieurs années auparavant à la Havane. Je me rappelle maintenant vous avoir vu il y a à peu près cinq ans, Monsieur, dit-il à Manuel P..., vous alliez à la Havane, si ma mémoire ne me fait pas défaut? Vous n'êtes donc pas revenu depuis? — Si fait, répondit le négociant, mais je ne me suis pas arrêté à Iguana, et je n'ai pas eu le plaisir de vous rencontrer sur ma route. — Joaquin Ferro adressa également la parole à Henri, s'entretint avec lui des affaires politiques de l'Europe, et lui conta une partie de ses aventures que nous ne trouvons pas assez intéressantes pour prendre place ici. Les voyageurs parlaient déjà de se remettre en route quand le Portugais les invita à rester chez lui jusqu'au lendemain matin. « Vous n'avez pas besoin de vous presser, vous êtes ici beaucoup plus à votre aise qu'à Gualan où la chaleur est dans ce mois-ci beaucoup plus insupportable qu'à aucune autre époque de l'année. Vous n'arriveriez plus que fort tard. Voilà deux jours qu'il ne pleut pas ici, et je crois qu'aujourd'hui nous aurons un fort orage. Après cela, Messieurs, je ne fais jamais de compliments, si vous restez vous me ferez plaisir ; mais si vous croyez ne pas pouvoir retarder davantage votre départ, liberté pleine et entière ! Il est probable que vous ne passerez pas Zacapa, car les troupes du général Morazan doivent occuper, à l'heure qu'il est, tous les environs de Guatemala. » Henri, désireux de connaître parfaitement la situation du pays où il allait tenter la fortune, et ayant deviné que son hôte était très au courant de tous les événements, ne fut pas fâché de rester plus longtemps à Iguana. Manuel P... lui-même accepta avec plaisir l'invitation de don Joaquin, car il ne se souciait guère d'arriver la nuit à Gualan, où il leur serait difficile de se procurer le fourrage nécessaire à leurs mulets, ni de s'exposer à être assaillis par l'orage qui se formait déjà sur la cime des monts environnants. Joaquin Ferro fit monter ses hôtes dans la salle qu'il occupait au-dessus de celle où ses hôtes avaient pendu leurs hamacs. Le fermier portugais n'était pas plus recherché dans son ameublement que dans sa mise ; mais sa maison, d'une construction qui rappelait les chalets suisses et presque entièrement en bois d'acajou, était commodément aménagée. Un balcon faisant le tour de la maison permettait de plonger la vue sur tous les points de la campagne: On distinguait le chemin royal, serpentant au milieu des monts et se perdant dans les vapeurs qui cachaient la cime des pins. La maison de don Joaquin se trouvait au centre d'un vaste enclos divisé en plusieurs compartiments ou *corrales*, destinés à retenir le jeune bétail pendant les premiers mois de la saison des pluies. A environ 300 mètres de cette habitation, l'on pouvait compter une dizaine de ranchos habités par les *mosos* (travailleurs) de l'hacienda.

Nous avons dit que M. X... était parti d'Yzabal environ deux heures après Henri. Il avait mis plus de temps à faire le trajet, parce qu'il accompagnait ses mules d'équipage, et il devait faire des journées plus courtes. Cependant, d'après ses calculs, il devait passer la nuit le lendemain à la ferme d'Iguana. En effet, au moment où le soleil disparaissait derrière les montagnes, il traversait à la tête de son convoi, et, suivi de son domestique, le petit groupe de ranchos dont nous avons parlé plus haut. José, le domestique, qui accompagnait Henri, s'empressa d'en avertir celui-ci qui causait avec le fermier portugais. Cette nouvelle parut contrarier Henri ; quant à don Joaquin, il se gratta l'oreille, appela son majordome et lui donna l'ordre de préparer du fourrage pour les animaux qui allaient entrer, et de mettre à la disposition de l'étranger, qui comptait sur son hospitalité, la salle basse de son habitation. Maintenant, dit-il à Henri, nous allons nous mettre à table. Ce n'est pas ma faute si M. le consul vient si tard.

Lorsque le consul descendit de sa mule, il apprit que le chancelier et son compagnon se trouvaient encore, contre son attente, dans un endroit où il avait espéré ne pas les rencontrer; mais lorsque le majordome lui eut dit qu'il pouvait disposer de la salle basse et qu'il serait seul, il éprouva une grande satisfaction. Après tout, dit-il en lui-même, je n'ai pas besoin d'aller rendre visite au maître de la ferme, je partirai au petit jour et je saurai bien m'arranger de manière à ne pas me rencontrer avec ce jeune fou. M. X... se rappelait toujours la menace que lui avait faite son chancelier dans la maison de Camoyano, et, ne comptant plus sur une soumission de ce jeune homme altier, et justement blessé, il craignait quelque coup de tête et cherchait à l'éviter. Il avait chargé son domestique, en cas d'événement, de ne pas l'abandonner et de surveiller tous les mouvements d'Henri, si par hasard ils se rencontraient ensemble dans le chemin. Cette fois, le consul reconnaissait ses torts; il n'était pas homme à se rétracter et à donner satisfaction. D'un autre côté, la haine avait fait de grands progrès dans son cœur, et l'idée que la rencontre de ce jeune homme lui inspirait quelque effroi était pour lui un supplice qui se renouvelait sans cesse. L'orage que don Joaquin avait promis à ses hôtes éclata à l'entrée de la nuit. Vous voyez, dit-il gaiement à ses convives, que je ne m'étais pas trompé. Maintenant, jeune homme, ajouta-t-il en s'adressant à Henri, vous m'avez dit que vous étiez parti de France comme chancelier du consulat de Guatemala, expliquez-moi donc comment il se fait que vous n'accompagniez pas le consul! Vous trouverez sans doute ma demande un peu indiscrète; mais vous m'avouerez qu'elle est assez naturelle. — Parfaitement, répondit Henri, et je ne demande pas mieux que de vous en donner l'explication. Je ne suis plus chancelier de fait, car j'ai renoncé à cet emploi en arrivant à Bélize, et mon intention est de ne pas me donner ce titre que j'ai d'ailleurs le droit de porter. C'est notre guide José qui vous a dit que j'étais une espèce de consul, et comme vous m'avez demandé si j'étais le consul de France, j'ai dû vous expliquer ce que ce brave garçon n'avait pas su vous dire. Henri raconta brièvement les événements que nous connaissons déjà et qui l'avaient jeté dans une position si difficile. Don Joaquin, qui avait éprouvé dès la première entrevue une grande sympathie pour le jeune Français, appréciant à leur juste valeur tous les faits qu'il venait de raconter, et reconnaissant que ce jeune homme était victime du caractère jaloux et despote de son supérieur, lui tendit la main et s'écria en frappant du pied : « Mon ami, je suis désolé de ce qui vous est arrivé, et je suis convaincu que tout ce que vous venez de me confier est de la plus exacte vérité ; je suis fâché maintenant que cet homme se trouve dans ma maison, que ne l'ai-je su plus tôt, je lui aurais fait fermer la porte au nez, et il aurait été coucher dans un rancho des environs ou au diable ! »

Le vieux marin aimait les jeunes gens, et s'était identifié avec la situation de Henri. Mon ami, ajouta-t-il en lui remplissant son verre d'un généreux vin catalan, si je puis vous être utile à quelque chose, disposez de moi ; si vous ne vous plaisez pas à Guatemala et que vous ne vouliez pas retourner en Europe, venez vivre avec moi, je n'ai que des filles, vous me servirez de fils, vous ferez de l'agriculture comme moi et vous vivrez heureux et indépendant. Henri, touché de cette offre généreuse de la part d'un homme qui ne le connaissait que depuis quelques heures, serra avec force la main du brave Portugais, et lui répondit : Senor don Joaquin, je n'oublierai pas votre proposition, je ne vous dis pas encore que je ne l'accepte point. Dans quelques jours, je vous écrirai et je vous mettrai au courant de mes affaires. — J'y compte, reprit le fermier, et je suis à votre disposition, demain, dans un mois, dans un an, quand vous voudrez.

Don Joaquin, habitué à vivre au milieu des voyageurs et des arrieros dans cette ferme isolée, et qui avait amassé une petite fortune en faisant le commerce sur le Rio Motagua, à une époque où une grande partie des marchandises de Bélize s'embarquait sur de grandes chaloupes pontées (bipantes), destinées à passer la barre de ce fleuve et à le remonter jusqu'à Gualan, commerce auquel il était facile d'associer la contrebande, don Joaquin, disons-nous, avait conservé des goûts et des manières quelque peu sauvages. Il aimait la solitude et, bien que sa ferme fût ouverte aux voyageurs, il lui arrivait souvent de ne pas les voir et de rester chez lui, ou bien il montait à cheval et sortait sans leur adresser la parole. Malgré ces dehors farouches, il possédait un excellent cœur, et l'histoire du chancelier l'avait profondément ému. Une partie de la nuit se passa à causer et goûter quelques bouteilles de vieilles liqueurs que le Portugais tenait soigneusement cachées, et auxquelles il ne touchait que fort rarement. Chaque bouteille était l'objet d'une curieuse notice. Je me serais bien gardé, disait-il en riant à ses hôtes, de faire voir ma cachette à un consul belge qui vint il y a quelque temps passer la nuit à Iguana ; diable d'homme, tout y aurait passé ! Je me suis trouvé avec toute sorte de monde, ajoutait-il, et je n'ai pas encore rencontré parmi les marins, les soldats et les contrebandiers, un homme qui fût capable de tenir tête à ce personnage. Vous en entendrez parler dans le pays. C'est, du reste, un excellent garçon, d'une grande générosité et incapable de faire de la peine à âme qui vive.

L'orage qui avait éclaté au moment où nos trois personnages se mettaient à table durait encore et semblait redoubler par instants... Tout à coup une fenêtre mal fermée s'ouvrit par la violence du vent et les deux bougies qui éclairaient la salle s'éteignirent aussitôt malgré le garde-brise (*brisera*) [1]. C'est un bon temps, s'écria gaiement le Portugais, j'avais besoin d'eau pour une petite plantation de tabac qui commençait à souffrir de la sécheresse... Venez, Messieurs, dit-il à ses hôtes, venez sur le balcon, vous allez voir ce que c'est qu'un orage dans la montagne, vous serez aux premières loges. Henri et Manuel, se prenant par la main et conduits par don Joaquin, s'avancèrent au bord du balcon. Des milliers d'éclairs qui se succédaient sans relâche éclairaient le magnifique paysage qui s'étendait devant eux et pa-

[1] Espèce de vase cylindrique en cristal que l'on place dans les pays chauds sur les bougies pour les empêcher de couler et de s'éteindre par la violence de la brise.

raissait embrasé. On distinguait le chemin d'Yzabal et les collines couvertes de pins. La foudre tombait à tout moment sur ces arbres et les enveloppait de feu sans les abattre. Le vent rugissait et faisait tomber de temps à autre quelque arbre gigantesque dont la chute occasionnait un bruit indescriptible, répété par les nombreux échos d'alentour et qui se distinguait de celui de la foudre éclatant sur plusieurs points à la fois. Dans la savane, on distinguait à la lueur des éclairs plusieurs centaines de bêtes à cornes couchées sur l'herbe et ruminant paisiblement au milieu de ce terrible conflit. Plus impressionnables sans doute, les chevaux et les mulets se tenaient debout serrés les uns contre les autres. Il paraît que l'orage n'effraye guère vos animaux, dit Henri en rompant le silence que chacun gardait, absorbé par la contemplation de cet imposant spectacle. — Ils y sont habitués, répondit en riant le Portugais, comme les chiens à aller nu-tête. Ils ne craignent que les tigres, et quand quelques-uns de ces voisins incommodes, et j'en ai malheureusement beaucoup autour de ma propriété, vient rôder dans les environs, les bœufs et les vaches que vous voyez ici si tranquillement au repos se réunissent en troupe, font passer les jeunes au milieu d'eux, et les taureaux attendent, tête baissée, l'attaque de l'ennemi. Malgré ces précautions, le tigre parvient presque toujours à enlever quelque retardataire et va le dévorer au milieu du bois. —Vous ne craignez donc pas le tonnerre? demanda à son tour don Manuel au Portugais.

Votre maison isolée dans cette petite plaine et assez élevée ne me paraît pas trop en sûreté. — Je n'y ai jamais songé, répondit don Joaquin. La foudre ne s'occupe pas de moi, les collines voisines avec leurs pins élancés me servent de paratonnerres. A peine le fermier avait-il prononcé ces mots qu'un éclair, plus brillant que tous les autres, sillonna la nue, suivi d'un éclat formidable. La foudre tombait à dix pas de la maison sur un gros arbre dont les branches plus élevées vinrent s'abattre dans la cour. — C'est la fin de l'orage, dit le Portugais sans s'émouvoir, nous pouvons aller dormir. — Là-dessus, il ferma la fenêtre, alluma de nouveau les bougies, et ayant rempli encore une fois le verre de ses hôtes : « maintenant couchez-vous dans vos hamacs, demain vous aurez beau temps et vous ne rencontrerez plus de boue à partir de Gualan. La saison des pluies ne commence qu'au mois de mai du côté de Guatemala. Ici nous avons des orages à cette époque-ci ; mais les pluies sont moins abondantes, et dans les montagnes que vous venez de quitter, l'hiver dure plus de neuf mois. »

Ces observations étaient fort exactes. Toute la partie du territoire Centre-Américain désigné sous le nom de *Costa* (côte), qui s'étend à l'est vers la mer des Antilles, est couverte de bois beaucoup plus épais et plus vigoureux que celle qui regarde l'océan Pacifique. Les pluies y sont beaucoup plus abondantes et l'hiver y dure environ neuf mois. Sur la côte du Pacifique on ne compte guère que six mois de pluie, à partir de la fin de mai jusques au commencement d'octobre. Entre ces deux limites, les différents plateaux de la Cordilière qui varient entre eux par la hauteur au-dessus du niveau de la mer, présentent encore quelques variations dans la répartition des deux saisons tropicales qui influent en même temps que la nature du sol sur leurs productions. Ces détails sont nécessaires pour donner au lecteur une idée exacte de la variété des climats et de la multiplicité des productions naturelles de l'Amérique-Centrale.

Vers les quatre heures du matin, le consul se leva et fit faire les préparatifs du départ. Presque en même temps, José, le domestique de Camoyano, sellait les mules de Henri et de Manuel. Le consul voulait payer les dépenses de ses gens, mais le majordome ne voulut rien accepter, disant que son maître se considérait trop heureux d'avoir pu lui être de quelque utilité, et qu'en même temps il regrettait de n'avoir pu lui rendre visite. Nos deux jeunes gens, réveillés par le bruit des préparatifs de voyage, se levèrent à la hâte, en prenant soin de ne pas troubler le sommeil de leur hôte qui dormait paisiblement, comme un vieux marin, étendu sur un banc. Les arrieros avaient allumé un petit feu de bois résineux afin de s'éclairer. Le consul allait monter quand un moso, conduisant par un licou un magnifique cheval noir, demanda à haute voix : — Qui de ces messieurs se nomme don Enrique ? — Moi, répondit aussitôt le jeune chancelier. — Voici un cheval que mon maître vous prie d'accepter. Vous pouvez le monter en toute sécurité, c'est une noble bête qui a le pied aussi sûr qu'un mulet et dont vous serez satisfait. Henri fut presque aussi étonné que le consul de cette marque de générosité et de sympathie. — Êtes-vous bien sûr, dit-il au domestique, de ne pas vous tromper? — Oh! non, Monsieur. Mon maître m'a ordonné d'aller chercher *Cuervo* (*corbeau*, nom que don Joaquin avait donné à ce cheval) dans la savane dès que l'orage serait passé, et j'arrive à l'instant. Henri ne pouvait refuser ce cadeau, et il ne savait comment s'éloigner de l'hacienda sans remercier don Joaquin. Don Manuel le tira d'embarras en lui disant qu'à Zacapa il pourrait aller faire une visite à la femme du Portugais et lui remettre une lettre de remercîment pour son mari. — Vous ne pouvez pas le réveiller, mon ami. Don Joaquin nous a déjà fait ses adieux cette nuit, et il est si original qu'il se fâcherait si vous alliez troubler son sommeil pour si peu de chose. Dans ce pays-ci, on ne fait pas comme en Europe; don Joaquin a voulu vous ménager une surprise agréable et vous engager à venir le voir une autre fois.

Le consul avait accéléré le plus possible son départ, et il était déjà loin lorsque Henri et don Manuel quittèrent l'hacienda en laissant au majordome et au moso qui avait amené le cheval noir une bonne gratification. Henri n'avait pas voulu monter ce bel animal dans la crainte de le fatiguer, et José l'avait attaché à la queue de sa mule suivant l'usage du pays. — Ce jeune homme a un bonheur insolent, pensait le consul en donnant de l'éperon à sa monture qui ne marchait pas au gré de ses désirs. — Combien avons-nous encore de lieues d'ici à Gualan? demanda-t-il à son arriero qui lui servait en même temps de guide. — Cinq petites, répondit celui-ci; nous arriverons au plus tard à huit heures, et si Votre Grâce le trouve bon nous ne nous arrêterons pas. Nous pouvons facilement gagner San-Pablo de bonne heure. Nous y trouverons tout le nécessaire. — Très-bien, répondit le consul, et tâchons d'aller le plus vite possible. — Le chemin est détrempé par la pluie, reprit l'arriero, et nous aurons de la boue jusqu'à Gualan; mais plus loin il ne pleut plus et nous aurons de la poussière. En effet, l'orage avait rendu la route fangeuse, et les mulets avaient de la peine à s'y frayer un passage. Des branches d'arbres jetées çà et là par le vent sur le sol formaient autant d'obstacles qui retardaient encore la marche du convoi. L'obscurité de la matinée augmentait encore les difficultés. Henri et Manuel, suivis de leur domestique, avaient l'habitude de laisser leur muletier derrière eux. Ils eurent bientôt rejoint M. X... dans un sentier où il n'était pas possible de faire passer deux mules de front. Enfin le chemin s'élargit. Henri, qui ne se souciait pas de rester derrière M. X..., piqua des deux sa mule, dépassa les charges (*la carga*, se dit en espagnol) et se trouva tout à coup côte à côte du consul qui, en reconnaissant l'homme qu'il fuyait, mit aussitôt la main à son pistolet. Henri remarque ce geste, met sa monture en travers du chemin et force ainsi le consul à s'arrêter : — Monsieur, s'écrie-t-il, je ne comprends pas pourquoi vous saisissez votre pistolet à mon approche ; vous avez dû me reconnaître, et vous ne supposez pas sans doute que je cherche à vous tuer. Si je me rencontre avec vous, c'est bien malgré moi ; mais si vous êtes disposé à vous battre, je suis à vos ordres. M. X..., pâle de colère et tremblant, comprit un peu tard l'imprudence qu'il avait commise, il remit son pistolet dans la fonte de sa selle et dit avec hauteur : — Vous vous trompez, Monsieur, je ne vous avais pas reconnu... — Vous mentez, Monsieur, reprit Henri courroucé, et puisque vous m'en donnez l'occasion je vous demande sur-le-champ la rétractation pleine et entière des injures que vous m'avez adressées à Bélize ; j'entends que sur l'heure vous me donniez une satisfaction. Sur ces entrefaites, le domestique du consul s'était avancé près de son maître et disposé à se mettre en travers des deux adversaires. Henri saisit sa cravache et en menaça le domestique qui, connaissant le caractère résolu du chancelier, crut prudent de se retirer. Don Manuel, impassible sur sa mule, attendait l'issue de cet incident. — Monsieur, reprit le consul, vous choisissez mal l'heure et le lieu pour de semblables explications ; ce que vous faites là n'est pas digne d'un gentilhomme. — Et ce que vous me dites, Monsieur, poursuit le chancelier, est le fait d'un lâche... Mais comme je compte bien ne plus rencontrer une occasion aussi propice, je ne veux pas vous quitter sans vous donner ce que je vous avais promis depuis longtemps ; et, plus rapide que l'éclair, se levant sur ses étriers, il appliqua un rude soufflet au consul qui n'eut pas le temps de parer le coup. Henri espérait que M. X... accepterait cette fois le duel qu'il lui avait proposé et qu'il tirerait son pistolet pour tout de bon. Il n'en fut pas ainsi. M. X... se contenta de crier au secours et d'appeler son domestique à son aide... Les muletiers, qui ne comprenaient rien à ce qui se passait devant eux, croyaient que quelque nouvel obstacle empêchait les cavaliers d'avancer et s'étaient portés en avant armés de leurs *machetes*. Henri retenait avec peine sa mule effrayée de la secousse qu'il venait de lui imprimer. Don Manuel intervint à son tour, pensant que les arrieros voulaient se mêler de la partie et prendre fait et cause pour M. X... : — Veillez à vos mules, vous autres manants, dit l'Espagnol en s'armant à son tour d'un long pistolet biscayen, cela ne vous regarde pas... Les arrieros, surpris et intimidés, se retirèrent. M. X... reprit peu à peu ses sens, adressa à son domestique des reproches pour ne pas s'être opposé à l'acte brutal dont il venait d'être victime, et, se tournant du côté de don Manuel : — Vous avez été témoin de cette provocation, caballero, j'espère que vous direz la vérité lorsque je vous ferai mander au consulat ou devant les tribunaux du pays... — Monsieur le consul, répondit ironiquement le jeune Espagnol, indigné de la conduite de celui-ci, j'espère, pour votre honneur, que vous ne chercherez pas à divulguer ce qui vient de se passer ici. Monsieur Henri n'avait pas d'autre moyen de se venger de la manière dont vous l'avez traité et d'exiger une réparation. Vous n'avez pas le courage de vous battre, bon voyage. Maintenant, Henri, ajouta-t-il en s'adressant au chancelier, qui contenait avec peine son impatiente monture, partons, nous n'avons plus rien à faire ici et laissons ce monsieur avec son soufflet, il est bien heureux d'en être quitte à si bon compte.

Les deux jeunes gens s'éloignèrent, et le hasard voulut que le cheval noir, attaché à la mule de José, qui ne pouvait sentir d'autres animaux derrière elle, allongeât force ruades à la mule que montait M. X... et faillit atteindre la jambe du cavalier.

Ainsi se séparèrent, pour ne plus jamais se rencontrer, le consul de France à Guatemala et Henri A... son chancelier.

La scène que nous venons de raconter paraîtra sans doute à nos lecteurs moins tragique qu'ils ne l'avaient supposée; peut-être trouveront-ils que le chancelier agit avec un peu trop de précipitation. Nous nous sommes bornés à raconter un fait historique, cause des malheurs dont fut plus tard victime un jeune homme qui pouvait aspirer à une haute destinée.

CHAPITRE IX.

acapa, Morazan, Carrera, Galvez, le choléra et la révolution.

On avait remis à Henri une lettre de recommandation pour le général Morazan qui combattait alors les troupes du général Carrera et cherchait à faire triompher la cause des libéraux. Morazan, l'homme le plus capable qu'ait produit l'Amérique-Centrale depuis l'indépendance, Morazan espérait rétablir la fédération, et, nouveau Bolivar, assurer la liberté de son pays, en faire une puissance respectable, capable de repousser l'invasion étrangère. Nous n'entreprendrons pas la relation des causes qui déterminèrent la rupture du pacte fédéral, et nous n'essayerons point de faire l'histoire des événements plus ou moins remarquables qui se sont passés dans l'Amérique Centrale depuis l'époque de son indépendance, ce serait sortir des limites que nous avons assignées à ce récit. Nous nous contenterons de dire que ce pays n'était pas préparé à recevoir des institutions copiées sur celles de l'Amérique du Nord et que la population Centre-Américaine, composée dans sa majeure partie d'Indiens ignorants et paisibles, habituée à la domination très-supportable du gouvernement espagnol, n'était pas faite pour porter les armes et prendre part à des luttes électorales et à combattre pour tel ou tel parti. Peut être la république fédérale subsisterait encore si les libéraux étaient toujours restés unis et surtout s'ils n'avaient pas pris des mesures violentes contre le clergé et les corporations religieuses qui exerçaient une grande influence sur le pays. Guatemala, naguère résidence du capitaine général et de toutes les autorités espagnoles, commandait avec orgueil aux provinces qui plus tard avaient été érigées en Etats. Elle renfermait dans son sein un grand nombre de familles riches et puissantes qui avaient pris, on ne sait trop pourquoi, le titre de *nobles*.

La révolution introduisait dans un pays composé d'éléments hétérogènes des changements si brusques et si violents qu'ils devaient nécessairement amener un conflit. L'abolition de l'esclavage, l'égalité des castes et des individus, la liberté de la presse, l'établissement du jury, le droit d'élection, etc., etc., ne tardèrent pas à bouleverser l'ancien royaume de Guatemala. Les mulâtres désignant les blancs créoles sous le nom de *nobles* devinrent d'ardents libéraux. Aussi les Etats de Nicaragua, Salvador et Honduras où ils se trouvaient en plus grand nombre prirent dans toutes les guerres civiles qui déchirèrent le pays la part la plus active, et l'ancienne capitale, la superbe Guatemala, objet de la haine et de l'envie des provinces devint le point de mire de leurs attaques. Guatemala eut à souffrir plusieurs siéges et des pillages nombreux. En 1829 Morazan commit la faute (qui ne lui fut jamais pardonnée et fut cause de sa ruine) de violer l'asile des couvents, d'en faire déporter la majeure partie des moines en compagnie de l'archevêque Fray-Ramon-Casaus y Torres. Ce prélat était homme d'un grand mérite, mais avait eu le tort de prendre part aux discordes politiques. Il mourut en 1845, à la Havane dont il possédait l'évêché depuis plusieurs années.

Lors de l'invasion des troupes fédérales, un jeune garçon d'environ quinze ans, d'une figure intelligente et quelque peu sauvage, gardait un troupeau de moutons dans un couvent de Guatemala (*colegio de Christo*). Les moines l'avaient pris en affection. Témoin de la profanation du couvent, le jeune berger s'écria dans un moment de douleur qu'il vengerait quelque jour ses bienfaiteurs. Il tint parole. Quelques années plus tard, il gagnait la montagne, allait organiser une bande de factieux dont il prenait le commandement, et après plusieurs coups de main hardis, parvenait à se rendre célèbre et à soulever les populations indiennes qui furent pendant longtemps la terreur de Guatemala. Le jeune pasteur, Raphaël Carrera, était devenu tout à coup un général d'armée, irrégulière il est vrai, mais un général habile et courageux. Ses soldats portaient le nom de *Cachurecos*. Les partis qui se disputaient le pouvoir à cette époque songèrent à se servir de Carrera et de son armée. Morazan, président de la République, résidait à San-Salvador. Le docteur Galvez était chef de l'Etat de Guatemala. Sorti du parti libéral, ce dernier comprenait que la liberté ne pouvait être assurée que par l'ordre, la justice et par une sage administration. Il se vit donc obligé de résister à l'ambition de quelques libéraux qui voulaient se distribuer les principaux emplois de l'Etat et établir les membres de leur famille dans les postes les plus importants au préjudice de la majorité. Les mécontents tramèrent une vaste conspiration contre Galvez, eurent des relations avec Carrera et profitèrent de l'apparition du choléra pour fomenter une guerre de montagne qui s'étendit jusques aux portes de Guatemala et menaça cette ville d'une ruine complète.

On avait fait courir le bruit que le gouvernement de Galvez avait fait empoisonner les rivières. Il n'en fallait pas davantage pour exciter la fureur des Indiens. Dans notre Europe civilisée, nous avons vu à l'époque du choléra se répandre des bruits tout aussi révoltants. Cependant Galvez au milieu des ravages exercés par ce terrible fléau faisait preuve de courage et d'habileté. Il ne reculait devant aucun sacrifice pour soulager les malheureux, faire distribuer des remèdes gratuitement et organiser des ambulances. Dans d'autres circonstances le chef de l'Etat eût été proclamé sauveur de la patrie; mais ses ennemis avaient déclaré sa perte. Les pueblos se soulevaient en masse et se disposaient à marcher sur Guatemala.

Afin de donner à nos lecteurs une idée des moyens dont peuvent se servir les partis dans leur fureur insensée, nous citerons un fait entre plusieurs du même genre. Le chef de l'Etat avait envoyé dans quelques villes des médecins chargés de porter du secours aux cholériques. Deux jeunes gens, élèves distingués de l'hôpital de Guatemala, avaient été désignés pour visiter quelques pueblos des plus exaltés, Mataquescuintla et Santa-Rosa. Le général Carrera habitait le premier de ces villages où il se reposait depuis quelque temps, prêt à agir à la première occasion. On lui écrivit de Guatemala que le chef de l'Etat venait d'envoyer deux émissaires chargés d'empoisonner les sources et les rivières et qu'il lui était facile d'en acquérir la preuve, car ils portaient avec eux des caisses remplies de poison. A cette nouvelle les Indiens se rassemblent, prennent les armes et vont attendre, dans le chemin, les malheureux jeunes gens. En vain ceux-ci, arrêtés par ces forcenés dont on avait égaré la raison, cherchent à se défendre et à expliquer la noble mission pour laquelle ils se sont dévoués; discours, prières, tout est inutile. En vain ils s'adressent à un misérable prêtre, conseiller intime de Carrera et implorent sa protection. La multitude les oblige à boire des fioles remplies de chlorure de soude et autres préparations toxiques. Ils meurent bientôt au milieu des plus atroces souffrances.

Les Indiens coupent leurs cadavres en morceaux et les brûlent avec leurs vêtements et le reste de leur pharmacie en poussant d'affreux hurlements. A la suite de cette scène épouvantable, sur un signe du prêtre, tous les Indiens se jettent à genoux et entonnent un de ces cantiques effrayants que l'on n'entend que dans les jours de grande calamité: (*Santo Dios*, *Santo fuerte*, etc.) Aussitôt Carrera se dispose à marcher sur Guatemala. Les imprudents libéraux livrent la ville au chef de la Montagne qui, suivi d'une multitude de soldats déguenillés qui ne demandaient que le pillage, envahit la place principale et les rues adjacentes, plongeant les habitants dans la consternation. Galvez prit la fuite et se retira au Mexique pour ne plus reparaître sur la scène politique de son pays où il eût pu jouer plus tard un rôle important. Ce fut avec toutes les peines inimaginables qu'on put contenir les soldats de Carrera. Sauf quelques maisons, Guatemala fut épargnée, et les factieux reprirent le chemin de leurs montagnes. A partir de cette époque, Carrera comprenant que les libéraux ne l'avaient appelé que pour se débarrasser de Galvez et que bientôt ils l'abandonneraient ou chercheraient également à se défaire de lui, se mit au service du parti servile qui avait à reprendre sa revanche et combattit contre les troupes fédérales commandées par Morazan.

Après une bataille livrée sous les murs de Guatemala, celui-ci, battu par des forces supérieures aux siennes, se retira, le 19 mars 1839, dans l'Amérique du Sud.

Pendant que les événements que nous venons de raconter très-sommairement se passaient à Guatemala, les autres Etats, à l'exception de celui de Costa-Rica, n'étaient pas restés paisibles. Le pacte fédéral fut d'abord rompu à Nicaragua, et chaque Etat se créa une constitution nouvelle. Une république importante cessa d'exister. Les discussions civiles ne s'éteignirent pas pour cela et les Etats continuèrent à se déchirer entre eux. Lieutenant général des troupes de Guatemala, Carrera commandait en maître. Les présidents qui se succédèrent dans cet Etat ne furent que des serviteurs tremblant de lui déplaire.

L'ex-président de la fédération avait conservé des relations avec ses anciens officiers. Ceux-ci, fatigués de rester dans l'inaction, engagèrent leur ancien général à revenir au Centre-Amérique, lui peignirent la situation du pays avec les couleurs les plus favorables à sa cause. En effet, celui-ci débarquait, en février 1842, à la Union, port de l'État du Salvador, sur l'océan Pacifique. Morazan possédait dans l'État du Salvador de nombreux partisans. A peine débarqué, les troupes se prononcent en sa faveur, et il marche à la tête de cinq cents hommes sur San-Salvador. Cette ville se livra sans résistance au général triomphant, et lui fournit un nombreux contingent avec lequel il s'avança sur le territoire de Guatemala. C'est à cette époque que M. X... se rendait à Guatemala pour y installer le consulat de France qui, à l'époque de la fédération, se trouvait à San-Salvador. Après cette digression nécessaire, reprenons notre relation au point où nous l'avons laissée.

Henri et son compagnon arrivèrent de bonne heure à Gualan, et descendirent dans la maison d'une dame espagnole connue dans le pays sous le nom de la *Desideria*. Gualan est un village de quelque importance, situé sur un terrain pierreux élevé d'une quarantaine de mètres au-dessus du Rio-Motagua qui coule à ses pieds. Gualan possède une église, un *cabildo* (maison municipale) et une centaine de maisons couvertes en tuiles ; le reste du village se compose de cases couvertes en paille ou en feuilles de palmier. Les environs, arrosés par de nombreux cours d'eau, sont très-fertiles, mais peu cultivés. La température se maintient toujours élevée. Cependant le climat n'est pas malsain comme celui d'Yzabal et autres points de la côte. La population se composait d'un petit nombre de familles ladinos et de quelques Indiens. On comptait à peine six maisons de quelque importance qui faisaient le trafic des marchandises européennes avec les habitants des bourgs disséminés dans les environs. Pendant quelque temps la navigation du Rio-Motagua donna une certaine importance à Gualan ; mais aujourd'hui il ne vient presque plus de marchandises par cette voie.

Henri et don Manuel ne voulurent rester à Gualan que le temps nécessaire pour faire reposer leurs montures et prendre une tasse de café que la *Desideria* s'empressa de leur faire servir. A peine Henri eut-il le temps d'échanger quelques paroles avec son hôtesse, femme qui approchait de la quarantaine et qui se faisait remarquer par son caractère actif, sa conversation choisie et des manières qui accusaient une bonne éducation. Cette femme avait voyagé autrefois dans l'île de Cuba; elle vivait du produit de quelques mules de charge et d'un *potrero* (enclos), et donnait l'hospitalité aux voyageurs. Elle avait pris à sa charge l'éducation de deux jeunes demoiselles, filles naturelles de Candido Pulleyro qu'Henri ne fit qu'entrevoir, et qui lui parurent fort jolies.

On se préoccupait beaucoup à Gualan de l'invasion du territoire par les troupes salvadoriennes. Des arrieros, récemment arrivés de l'intérieur, racontaient que l'armée du général Morazan, grosse de trois à quatre mille hommes, était déjà à une vingtaine de lieues de Guatemala, et ne doutaient pas du succès des armes salvadoriennes. La Desideria vit avec regret s'éloigner ses deux hôtes; elle leur recommanda de prendre beaucoup de précautions dans le chemin, et ceux-ci, après l'avoir remerciée de ses bons soins, prirent la route de Zacapa.

Le chemin de Gualan à Zacapa est en général assez bon. La végétation ne ressemble plus à celle de la montagne d'Yzabal. Les arbres sont moins élevés et les bois moins touffus ; de temps à autre la route suit le cours du Rio-Motagua. A trois lieues de Zacapa on rencontre le premier village indigène nommé San-Pablo qui n'offre rien de remarquable. Zacapa est une ville de troisième ordre, située au milieu d'une immense plaine dont la vue est magnifique et impressionne d'autant plus qu'on a traversé jusque-là des montagnes sans nombre. La plaine est semée d'immenses cactus et de cierges gigantesques aux branches dressées comme des tuyaux d'orgues, ce qui leur vaut le nom qu'ils portent dans le pays (organos) et de calebassiers de différentes espèces. Dans quelques endroits, on rencontre des mimosas peu élevés dont les branches sont disposées en parasol. Çà et là on aperçoit quelques bestiaux, qui se rassemblent pendant la chaleur du jour, au bord des ruisseaux et à l'ombre des figuiers sauvages (*ficus elastica*). Vue de loin, Zacapa, située au bord d'un torrent peu profond qui roule sur des pierres blanches, et qui porte le nom peu mérité de *rivière*, ressemble assez à une ville arabe. Elle semble assez importante ; mais elle ne compte qu'un petit nombre de maisons construites en adoves (grandes briques crues) et couvertes de tuiles. L'église, d'une construction ancienne, n'est pas encore achevée. Un immense arbre (ceïba) se trouve au milieu de la place et défend les marchands et les muletiers qui viennent se reposer sous son épais feuillage contre les ardeurs du soleil. Dans la plupart des villes du Centre-Amérique, on remarque le même arbre sur la place principale ; il y en a d'une hauteur prodigieuse, et à l'ombre desquels plus de deux cents personnes peuvent facilement s'abriter du soleil. Dans les faubourgs de Zacapa, on remarque également de magnifiques tamarins, à l'ombre desquels nulle plante ne peut végéter, et dont le feuillage épais et d'un vert tendre repose agréablement la vue fatiguée par le reflet des maisons blanchies à la chaux et d'un sable ardent. Henri arriva à Zacapa au milieu de la plus forte chaleur du jour, c'est-à-dire à deux heures. Son compagnon de voyage le conduisit dans une espèce d'auberge ou de *posada* tenue avec beaucoup de soins et d'intelligence par la femme d'un vieux marin portugais qui s'était fixé dans le pays depuis fort longtemps. Nos deux voyageurs, accablés de fatigue, se jetèrent dans des hamacs, et, cédant à l'influence de la chaleur, ne tardèrent pas à s'endormir. Zacapa se trouve sur le chemin de Guatemala et de San-Salvador.

Au moment où nos deux jeunes gens faisaient leur entrée dans la ville, les alcaldes avaient rassemblé la municipalité au cabildo pour délibérer sur les mesures à prendre en cas d'invasion. La nouvelle s'était répandue qu'un corps d'armée du général Morazan allait occuper Chiquimula, la capitale du département, située à neuf lieues. Il n'y avait à Zacapa qu'un détachement de vingt-cinq hommes. La défense était impossible. Les uns étaient d'avis de faire un *pronunciamiento* en faveur du général, et d'adhérer aux plans des fédéraux; d'autres songeaient à se cacher afin de ne pas se compromettre. L'embarras était extrême. Un *régidor* fut d'avis qu'on allât consulter le curé, brave Espagnol qui vivait fort paisiblement dans la ville depuis environ dix ans et y avait amassé une jolie petite fortune. On dépêcha une députation au curé. Celui-ci dormait sa sieste; la députation attendit patiemment le réveil du juste. Une heure se passa. Pendant ce temps les municipaux délibéraient toujours. Enfin le curé fit introduire les trois commissaires du cabildo. Le curé n'aimait pas Morazan; mais il connaissait l'opinion des habitants de Zacapa, gens fort paisibles du reste, mais entachés de libéralisme. Il ne voulait pas s'assumer une responsabilité qui pouvait avoir pour lui des conséquences fâcheuses. — Mes amis, dit-il aux envoyés après les avoir écoutés attentivement, le cas est fort grave, et je comprends que, dans les circonstances actuelles, il est difficile de prendre une résolution. Ce que vous avez de mieux à faire, c'est de préparer des vivres et du fourrage pour les troupes ennemies. De cette manière vous éviterez un conflit; les Salvadoriens penseront que vous les recevez comme des frères, et ils respecteront les propriétés des habitants que vous avez mission de protéger; plus tard, si les choses tournent mal pour l'ennemi, il sera facile de prouver au gouvernement que vous n'avez pas abandonné sa cause, et que vous êtes prêts à lui fournir des preuves de votre dévouement. Ces paroles remplirent de joie les envoyés du cabildo, qui s'empressèrent d'aller porter à leurs collègues l'opinion del senor cura. Dès que les émissaires furent partis, notre prudent curé fut enterrer dans son jardin ses joyaux les plus précieux, des couverts d'argent et des rouleaux d'onces, fit seller son cheval, et, sous prétexte d'aller confesser un malade à deux heures de la ville, il alla se cacher dans une petite ferme des environs. Des négociants qui craignaient d'avoir à donner à l'ennemi quelque contribution, prirent les mêmes précautions que le curé. Les commerçants libéraux, au contraire, attendaient avec impatience l'arrivée des troupes salvadoriennes, et s'apprêtaient à aller au-devant du général, ne craignant pas de se compromettre tant ils comptaient sur le succès de Morazan. Plusieurs d'entre eux ont payé cher, dans ce pays, des inconséquences de même nature !

Lorsque nos deux compagnons de voyage se levèrent de leurs hamacs pour prendre le repas que l'on venait de leur préparer, ils remarquèrent l'inquiétude peinte sur le visage de la maîtresse de la maison et de ses jeunes filles. Celles-ci chuchotaient, allaient et venaient, ouvrant à tout moment la fenêtre qui donnait sur la rue pour voir ce qui se passait. On connaissait déjà dans toute la ville la détermination qui venait d'être prise par le cabildo ; on préparait des vivres pour les troupes ennemies. Celles-ci ne devaient donc pas tarder à faire leur entrée. Les femmes se tenaient sur le seuil de leurs demeures et discouraient entre elles sur un événement qui remplissait les uns d'inquiétude et les autres d'une joie mal dissimulée. Dans toutes les guerres de ce pays, les villes sont mises à contribution par les ennemis et par les troupes du gouvernement. Si la ville a eu le malheur de se défendre ou, pour mieux dire, si, occupée par des troupes, celles-ci ont résisté à l'ennemi, car les habitants se mêlent rarement de la partie, il faut s'attendre au pillage auquel prennent une part active tous les mauvais sujets de l'endroit. Lorsque Morazan prit d'assaut la ville de Guatemala, en 1829, ses troupes furent dirigées dans le sac de quelques maisons appartenant à des nobles par les gens du pays eux-mêmes, et plusieurs d'entre eux, se mêlant aux pillards, s'emparèrent facilement d'une fortune dont ils ne craignirent pas de jouir publiquement une fois la paix rétablie. On cite des individus qui s'étaient déguisés et noirci la figure dans la crainte d'être reconnus, et qui allèrent découvrir des trésors cachés dans des endroits qu'eux seuls connaissaient. Morazan réprima autant qu'il put les excès de ses troupes; plusieurs misérables soldats furent fusillés, tandis que des citoyens de Guatemala rentraient chez eux les poches remplies d'or et de bijoux.

Tandis que Zacapa s'apprêtait à recevoir les troupes du général Morazan, celles-ci changeaient tout à coup leur itinéraire et avançaient à marches forcées sur Guatemala. Des émissaires de l'ennemi avaient été envoyés dans différentes directions, afin de donner le change au général Carrera, et dans le but de lui faire disséminer son armée; mais Carrera avait deviné le plan de son adversaire, et avait concentré ses troupes dans la capitale. Ainsi Zacapa en fut quitte cette fois pour une fausse alerte. Bientôt on sut que les troupes salvadoriennes n'étaient pas entrées à Chiquimula, et que l'ennemi avait pris une autre route. Lorsque, un mois plus tard, la nouvelle de la déroute de l'armée fédérale fut connue, le curé de Zacapa revint à son presbytère, fit sonner les cloches à toute volée et célébra une messe d'actions de grâces. La municipalité, après avoir assisté à un *Te Deum*, envoya dans une pompeuse adresse, des félicitations à Rafael Carrera, *le sauveur de la patrie*, et célébra la victoire en brûlant plusieurs douzaines de fusées au milieu d'une population enthousiaste.

Henri et le négociant espagnol se reposèrent deux jours à Zacapa. Ils allèrent rendre une visite à la femme de Joaquin Ferro, et lui offrirent de rester auprès d'elle dans le cas où l'ennemi viendrait occuper la ville. Cette dame accepta avec reconnaissance une proposition qu'elle n'osait pas faire elle-même, et qui venait si à propos. Mais, au bout de deux jours, les deux jeunes gens, dont la présence à Zacapa n'était plus utile, prirent congé de la femme du Portugais et continuèrent leur voyage. Ils partirent à trois heures du matin par un beau clair de lune et traversèrent fraîchement un chemin de dix lieues, à travers une plaine où il n'est guère possible de cheminer pendant la chaleur du jour. Chimalapa est la première étape après Zacapa. C'est un pueblo fort triste, situé à peu de distance d'une rivière. A partir de ce point la plaine se rétrécit, les montagnes se rapprochent et la route présente de nouveau des montées et des descentes. Le pays devient plus sauvage, et l'on ne rencontre plus que des pueblos misérables et très-éloignés les uns des autres jusqu'à Guatemala. Les cactus disparaissent, le sol devient pierreux et aride, et, à cette époque de l'année, un grand nombre d'arbres est momentanément dépouillé de ses feuilles. La chaleur est étouffante et l'aspect de ces lieux déserts est triste et désolé. A quelques lieues de Chimalapa la route passe au fond d'un ravin de trois lieues environ, et qui porte le nom de Callejon (ruelle) de Guastatoya. C'est un repaire de voleurs. La longueur de cette partie de la route, encaissée entre deux montagnes abruptes et élevées, est en effet propice pour les attaques à main armée ; une surprise y est très-facile. Henri et Manuel connaissaient déjà la mauvaise réputation de ce *mal paso*, comme on dit dans le pays (*mauvais pas*), et ils s'avançaient résolûment le pistolet à la main. Quelques assassinats, presque toujours commis sur des indigènes isolés et sans armes, et des escarmouches entre les montagnards et les troupes du gouvernement, ont donné au callejon de Guastatoya une renommée passablement exagérée, comme toutes les renommées de ce pays. Les brigands de Guatemala sont trop prudents pour attaquer les gens armés, et surtout les étrangers dont ils craignent le courage et le coup d'œil juste.

On voit sur les arbres qui bordent le chemin des croix taillées dans l'écorce. Si l'on s'en rapporte aux *arrieros* et aux voyageurs indigènes, chacune de ces croix rappelle un assassinat. Environ quinze jours avant le passage des deux jeunes gens dans le *callejon de Guastatoya*, une bande d'Indiens révoltés avait été dispersée par les patriotes du département. Une quinzaine de ces misérables étaient restés sur le terrain. L'action avait été *sanglante*. On ne s'était pas donné la peine d'enterrer les cadavres qui gisaient encore à terre, disséminés entre les broussailles, en partie dévorés par les bêtes fauves. Des vautours et des espèces de loups (*coyotes*) se disputaient encore ces restes informes et desséchés par le soleil, lorsque passèrent nos voyageurs. A leur approche, les loups se retirèrent dans la montagne et les vautours noirs s'envolèrent lourdement et allèrent se percher à peu de distance sur les arbres qui bordaient le chemin. José se chargea d'expliquer à ses maîtres la scène qui s'était passée dans cet endroit lugubre. Une demi-heure plus tard, ils quittaient le callejon et arrivaient le soir dans une hacienda isolée et silencieuse, la *Savaneta*, située à dix-sept lieues de la capitale.

Nous avons dit qu'à partir de Chimalapa on commence à monter de nouveau. En effet, la montagne d'Yzabal fait partie de la Cordilière qui s'étend vers l'est et traverse la Verapaz. La plaine de Zacapa se trouve située entre la bifurcation dont nous avons parlé, et l'hacienda de la *Savaneta* fait déjà partie de l'autre branche de montagnes, dont la direction est au nord-ouest. C'est sur un des points élevés de cette chaîne que nous trouverons bientôt le plateau de Guatemala. De Chimalapa à la *Savaneta* on compte de treize à quatorze lieues. Le climat de cette localité est déjà beaucoup plus tempéré que celui de la côte. Construite à l'époque de la domination espagnole par les Dominicains, l'hacienda de la *Savaneta* était tombée, par suite de la révolution, entre les mains d'un vieil Espagnol avare qui l'avait achetée à vil prix. Autrefois bien entretenue et d'un bon rapport, cette propriété était presque abandonnée. Les bâtiments, d'une architecture solide et parfaitement appropriée au climat et aux besoins d'une ferme, commençaient à tomber en ruine. Les enclos étaient rompus de toutes parts et les champs de canne remplis d'épines et de plantes sauvages. Les Indiens qui habitent les environs de cette ferme ne respectaient plus une propriété qui avait été *volée*, comme ils le disaient eux-mêmes, aux bons Dominicains, et faisaient de temps à autre des incursions à main armée dans ce solitaire séjour, où il était difficile de les surprendre. Plus tard, la *Savaneta* fut vendue par le propriétaire espagnol, qui ne pouvait en tirer parti, au général Paiz, que nous connaissons déjà, et qui y fit des travaux considérables. Il entoura l'hacienda d'un mur en pierres sèches de près d'une lieue d'étendue, rétablit les bâtiments ruinés et fit faire d'immenses défrichements. Malheureusement une nouvelle guerre de montagnes, qui éclata en 1847, et qui n'est pas totalement terminée de nos jours, empêcha le général de jouir du fruit de ses travaux. La *Savaneta* fut plusieurs fois saccagée, et les factieux en firent pendant longtemps leur quartier général. Henri et son compagnon passèrent une fort mauvaise nuit dans l'hacienda ; le majordome, sa femme et ses enfants n'y vivaient qu'en tremblant, et tous les soirs, depuis environ deux mois, ils allaient se cacher dans les bois dans la crainte d'être surpris par les bandits. On comprend facilement comment, dans de pareilles conditions, le plus beau pays de la terre ne présente que ruine et misère, la terre la plus fertile que ronces et épines ! C'est cependant là l'état dans lequel se trouve aujourd'hui la plus grande partie de l'Amérique-Centrale [1].

[1] En 1847 et 1848 les hameaux qui se trouvent sur le chemin d'Yzabal, entre Chimalapa et Guatemala, étaient à chaque instant visités par les factieux de la Montagne. Dans la crainte d'être pillés ou d'exposer leurs familles aux excès des révoltés, un grand nombre de leurs habitants furent obligés de se joindre aux révoltés. D'autres se cachaient. Le soir les femmes et les enfants allaient également se cacher dans les bois. Plusieurs hameaux ont été brûlés par les troupes de Carrera. Aujourd'hui encore des Indiens rebelles qui vivent retirés dans les montagnes de la Verapaz, d'où ils n'ont pu être délogés, font de temps à autre des incursions dans les environs de Guastaloya et de la Savaneta. Cette guerre de montagnes a causé les plus grands dommages à la république de Guatemala. L'agriculture a été abandonnée dans un grand nombre de localités, des champs de

A cinq lieues de la *Savaneta* coule un torrent profond et rapide sur lequel les Espagnols ont construit un pont solide. Cet endroit, nommé *Puente*, se trouve au pied d'une montagne fort élevée, appelée du même nom. On y compte une vingtaine de ranchos misérables, habités par des ladinos aux mœurs suspectes. C'est en cet endroit que nous retrouvons nos voyageurs, laissant reposer leurs montures auxquelles ils ont fait donner du maïs et du fourrage vert, car les pauvres animaux avaient passé dans l'hacienda une nuit aussi mauvaise que leurs écuyers. Il était nécessaire de disposer les mules à gravir un des plus mauvais chemins de l'Amérique-Centrale. La *côte du Puente*, taillée dans certains endroits presque à pic, bordée souvent par d'affreux précipices, est remplie de pierres mouvantes que les mules font rouler sous leurs pieds. Heureux le voyageur qui rencontre ce chemin sec et peut le traverser lorsque le soleil est encore peu élevé au-dessus de l'horizon. Il ne faut pas moins de deux mortelles heures pour atteindre le sommet de cette montagne, dont la longueur totale est de trois lieues.

En arrivant au petit pueblo du Puente, Henri observa un beau cheval mexicain sellé, attaché à un arbre à peu de distance d'une petite case. Ce cheval était couvert de sueur. En passant près de la case, il vit une vieille

maïs et de cannes à sucre ont été dévastés par les soldats du gouvernement et par les factieux connus à cette époque sous le nom de *lucios*.

femme, qui, debout sur le seuil de la porte qu'elle tenait entr'ouverte, semblait regarder avec inquiétude dans la direction du chemin dont nous venons de donner une idée. On entendait sortir de l'intérieur de la case un bruit confus de voix diverses qui se mêlaient au choc des verrres et au son d'une guitare. Dès qu'elle aperçut les deux étrangers, la vieille femme rentra précipitamment dans la maison et ferma la porte. Nos voyageurs s'arrêtèrent à une vingtaine de pas de cet endroit. Deux femmes les reçurent et leur donnèrent l'hospitalité. L'une d'elles, jeune fille d'environ dix-huit ans, à l'air maladif, demanda aux étrangers s'ils n'avaient pas rencontré dans leur chemin une troupe de soldats. — Non, mon enfant, répondit Henri ; pourquoi nous adressez-vous cette question ? — Dam, c'est qu'il y a du nouveau par ici, caballero ; les brigands ont passé la nuit dans le village, et ils se disposaient à aller à la rencontre d'un convoi de marchandises qui doit passer ici d'un moment à l'autre. Ah ! nous sommes bien malheureuses, Messieurs ! ajouta la jeune fille, car c'est toujours ici ou dans les environs que les malfaiteurs se donnent rendez-vous, et, quelque jour, il nous arrivera malheur... Tenez, vous voyez bien d'ici ce beau cheval attaché à un arbre... — Oui, oui, nous l'avons remarqué, dit à son tour don Manuel qui commençait à craindre quelque événement fâcheux.... — Eh bien ! poursuivit-elle à voix basse, c'est le cheval de Raymundo, le chef de la bande. — Tiens, fit

Henri en souriant, je ne serais pas fâché de faire la connaissance de ce monsieur! — Dieu vous en garde, mon bon monsieur! s'écria à son tour l'autre femme qui cherchait à allumer du feu pour préparer le déjeuner de ses hôtes... c'est un Zambo qui ne craint ni Dieu ni diable, et qui s'est séparé de notre seigneur Carrera, dont il était lieutenant, parce qu'on ne lui a pas permis de piller. Il prétend que le général n'a pas tenu sa promesse et qu'il s'en repentira... Il a formé à son tour une troupe de *factieux*, comme on les appelle, qui n'ont d'autre but que le vol et l'assassinat... »

Don Manuel laissa Henri avec les deux femmes qui continuaient les préparatifs du déjeuner en racontant des histoires qui n'eussent guère rassuré un homme moins décidé et moins courageux que Henri. Don Manuel commençait à s'inquiéter de ne pas voir arriver le muletier qui conduisait l'équipage, lorsqu'un homme d'une haute stature, enveloppé dans un sarape (sorte de manteau), et traînant, pendue à sa ceinture, une vieille épée de Tolède, sortit de la maison où nous avons vu une vieille femme se renfermer précipitamment à la vue des étrangers. L'homme au sarape tenait à la main une bouteille débouchée. Il fit quelques pas du côté de don Manuel, le salua très-poliment, et lui dit d'une voix légèrement avinée : — Caballero, je vous souhaite le bonjour. — Bonjour, répondit l'Espagnol qui examinait attentivement notre homme. — Seriez-vous assez bon pour me dire s'il est vrai que les troupes du général Morazan sont à Zacapa? — Elles n'y sont pas entrées, Monsieur, répondit l'Espagnol ; on les attendait, mais on est aujourd'hui certain qu'elles ont pris une autre route. — Merci, caballero, répondit l'inconnu ; puis, saluant de nouveau, il rentra dans la maison d'où partirent bientôt des cris joyeux. Enfin, don Manuel vit avec la plus grande satisfaction son arriero traverser le pont avec ses mules de charge. Henri sortit à son tour du rancho où la fumée commençait à le suffoquer, et apprit de don Manuel la conversation qu'il venait d'avoir avec l'homme au sarape. — C'est peut-être le fameux Raymundo, dit Henri ; si nous allions lui rendre visite? — Ma foi, vous avez peut-être là une bonne idée ; puisque ses gens n'ont pas touché à nos bagages, je commence à avoir une bonne opinion de ce brigand. L'arriero arrivait. Henri lui demanda s'il avait rencontré des gens armés sur le chemin. — Je n'ai vu âme qui vive, répondit le muletier. Il ne faut pas croire tout ce qu'on vous raconte ici. Ces femmes auront voulu voir si vous aviez peur et si vous êtes capables de tenir tête à une poignée de misérables qui n'aiment pas faire le coup de feu... Le muletier raisonnait juste. Cependant nos deux jeunes gens avaient fait porter leur déjeuner à l'ombre d'un bel arbre peu éloigné de la case des deux femmes. Ils étaient à peine assis, lorsque le même individu, suivi de deux Indiens déguenillés, armés chacun d'une carabine, vint à eux en faisant force salutations. — Qu'est-ce que nous veut ce chenapan? demanda Henri à José qui posait à terre un plat de viande sèche grillée. — Je l'ignore, senor, mais il va sans doute s'expliquer. — « Messieurs les *Anglais*, je suis Léon Raymundo, chef des hommes libres de la montagne, protecteur des Indiens... » Henri examina sans bouger de place l'individu qui s'annonçait de cette singulière manière et paraissait exalté par la boisson. C'était un gaillard d'une trentaine d'années, robuste, au teint terreux, aux pommettes saillantes et aux yeux d'un bleu grisâtre. Il avait le nez effilé, bien proportionné, et la lèvre supérieure couverte de rares moustaches laissait voir, en s'élevant, des dents blanches et bien rangées. Il avait toute la tête rasée, à l'exception de quelques mèches d'un noir roussâtre, qui retombaient à moitié frisées sur ses tempes saillantes. C'était bien là la figure d'un chef de bandits. Henri, sans témoigner le moindre embarras à la vue d'un homme qui répandait la terreur aux alentours de Guatemala, fit signe à don Manuel de ne pas faire attention à cet importun, lui servit un morceau de viande et lui remplit son verre. José intervint et fit observer à Léon Raymundo que ses maîtres n'étaient pas Anglais, mais bien *Français*. — A la bonne heure! s'écria le chef de bandits; les Français sont mes amis, ce sont des braves. J'ai entendu parler de leur empereur, le grand Napoléon. Vive Dieu! en voilà un homme comme il nous en faudrait! Eh bien! caballeros, poursuivit-il en s'adressant aux jeunes gens, déjeunez tranquillement;

je ne vous demande qu'une faveur, celle de prendre avec vous une tasse de café... J'ai été forcé de boire avec les camarades, cela me fera du bien, et puis nous causerons... Vous autres *sergents*, retournez à la case et veillez à notre prisonnier... Ces messieurs, qui savent lire, vont nous rendre le service de nous dire ce que renferment les lettres de la valise... Puis notre homme s'assit sans façon auprès des voyageurs, leur offrit sa main que ceux-ci ne refusèrent pas de prendre dans la leur, et ils se trouvèrent ainsi dans les meilleurs termes avec Raymundo.

Quelque temps avant l'arrivée de Henri et de son compagnon, les soldats de Raymundo avaient arrêté dans le chemin le courrier qui se rendait d'Yzabal à Guatemala et le tenaient enfermé dans la petite maison dont nous avons parlé plus haut. L'attitude des voyageurs avait indiqué à Raymundo qu'il avait affaire à des hommes résolus dont il n'aurait pas été facile d'avoir bon marché ; leur physionomie, du reste, lui avait plu et il avait appris avec satisfaction qu'ils n'étaient pas *Ingleses*. Les Anglais avaient, en effet, une très-mauvaise réputation dans le pays, et pendant longtemps on ne désignait pas autrement les étrangers autres que les Espagnols. Chose singulière, les Indiens surtout respectaient plus les Espagnols, qu'ils désignent dans l'Amérique-Centrale sous le nom de *chapetones* (au singulier, *chapeton*), que les créoles et les ladinos. Ils les reconnaissent facilement à leur manière de parler. L'habitude de la domination que les indigènes avaient soufferte pendant de si longues années au milieu de la paix et qui, en définitive, était fort supportable pour eux, leur faisait regarder les Espagnols comme des supérieurs auxquels ils obéissaient volontiers. Dans quelques pueblos, les Indiens traitent un Espagnol du nom de père : *Mi padre*, disent-ils, quand ils leur adressent la parole.

Léon Raymundo reconnut bientôt que Manuel P... était *chapeton :* — El caballero, dit-il en s'adressant à ce dernier et en désignant Henri, est Français, lui, cela se voit à sa manière de parler ; mais vous, Monsieur, vous êtes un Espagnol pur sang. Je n'en veux pas aux Espagnols, croyez-moi ; on était plus heureux de leur temps. Tel que vous me voyez, Monsieur, je suis fils d'un honnête Espagnol, majordome d'une hacienda située à six lieues de Guatemala (la Vega). Enfant, je me rappelle avoir travaillé du temps de son patron, un brave homme comme il en reste bien peu aujourd'hui.

— Comment se fait-il que vous soyez en rébellion contre votre gouvernement? lui demanda aussitôt Henri qui s'étonnait de rencontrer chez cet homme aux apparences farouches un langage auquel il ne s'attendait pas.

— Mon cher monsieur, je vais vous conter cela en deux mots, et vous verrez si j'ai tort ou raison. Je m'étais établi avec ma femme et mes enfants sur les terres de notre ancien patron. Je cultivais tranquillement un coin de terre et j'élevais quelques bestiaux quand la révolution commença. Un jour les troupes du président

Galvez vinrent s'établir dans l'hacienda et m'arrachèrent de ma demeure pour me forcer à prendre les armes. Ils me prirent mes chevaux, me tuèrent mes bestiaux sous prétexte qu'ils se trouvaient sur les terres d'un ennemi du gouvernement, et pendant qu'on m'emmenait à Guatemala, un infâme officier fit subir à ma femme d'horribles violences. Ma fille aînée n'échappa à leur brutalité que par miracle. Comme vous le pensez, je jurai de me venger. L'occasion ne se fit pas longtemps attendre. Dans une expédition tentée contre Carrera, je désertai et je fus trouver le chef de la Montagne pour qu'il voulût bien m'enrôler parmi les siens. Je fis pendant deux ans la guerre de montagnes sous ses ordres et j'entrai à sa suite à Guatemala; mais Carrera ne nous ayant pas fait rendre justice et le crime de l'officier étant resté impuni, je suis revenu chez moi. Hélas ! on avait brûlé ma maison, et je ne trouvai plus que des cendres et des ruines à la place de mon habitation. Ma pauvre femme est peut-être morte à l'heure qu'il est, et mes enfants vivent aujourd'hui cachés sur la frontière du Salvador. Si Morazan (que Dieu conserve) triomphe, j'irai le trouver et je me soumettrai ; mais à la condition que ce misérable officier sera châtié et qu'on me rendra tout ce que l'on m'a pris. Vous voyez bien que j'ai assez de motifs pour mener la vie d'un factieux. Carrera n'en avait pas autant que moi. Je sais bien que si l'on me prend, l'on me fusillera, mais on n'y arrivera pas facilement. Quand vous serez à Guatemala, vous pourrez dire que vous avez pris le café avec Léon Raymundo au Puente. Dam ! je n'en prends pas avec tout le monde, et quand les gens que je rencontre ne me conviennent pas, je leur fais payer cher l'honneur de me voir.

En disant ces mots, le bandit se releva, frappa deux coups dans ses mains, et en un instant, une bande de soldats indiens et ladinos aux figures sauvages, couverts de haillons, armés de machetes, de carabines et de fusils sortirent d'une dizaine de cases où ils étaient cachés et vinrent se ranger à environ vingt-cinq pas de leur chef. Ce qui étonna le plus nos deux voyageurs, ce fut de voir sortir en même temps de la maison où ils n'avaient trouvé que les deux femmes qui les avaient reçus, deux hommes armés. Ils étaient cachés dans une espèce de grenier (*tabanco*) où les pauvres gens gardent leur maïs et qui est fermé par un plafond formé de branches droites ou de bambous. Un petit mulâtre à la figure intelligente, portant un petit tambour, vint aussitôt se placer près de Raymundo attendant ses ordres. Les factieux étaient plus de cent cinquante.

Henri et Manuel ne purent s'empêcher d'éprouver une certaine émotion à la vue du danger qu'ils avaient couru sans s'en douter. Léon Raymundo fit signe à un de ses officiers d'approcher et lui dit : — Il n'y a rien de nouveau sur le chemin, ces messieurs viennent de me donner des nouvelles ; faites retirer les hommes, et dans une heure nous irons à Pontezuelas. Puis il ajouta : — Faites-moi apporter la valise du courrier. Léon Raymundo se rassit et José apporta le café. Les soldats se retirèrent aussi promptement qu'ils étaient accourus et le chef des bandits prenant la tasse que Henri lui offrait :

— Vous voyez, mon cher monsieur, que j'ai aussi mes soldats ; ce ne sont pas des Français, mais ils ont aussi leur genre de mérite. On les paye quand il y a de quoi, ce qui arrive rarement. Ils font des marches forcées le jour comme la nuit, quand cela se présente et passent souvent la journée avec deux ou trois épis de maïs pour tout potage. Avouez que vos soldats n'iraient pas loin avec un pareil régime. Eh bien ! les troupes du gouvernement ne sont guère mieux traitées, et, pour être juste, je vous dirai qu'elles valent la mienne. Les meilleurs officiers de Carrera ont commencé comme moi. Donc c'est l'indépendance qui nous a appris le métier des armes ; en revanche, les terres restent incultes, les mauvais sujets pullulent et les prêtres font comme nous. Vous entendrez parler du padre Lobo ; c'est lui qui nous excitait au meurtre et au pillage au nom de la religion. Le bandit fit le signe de la croix et avala une gorgée de café. — C'est une bonne chose que du café, monsieur le Français, reprit Raymundo, mais il faut savoir le faire. Dans l'hacienda de mon ancien patron, nous avions des pieds de café magnifiques. C'est une plante qui pousse ici aussi facilement qu'une mauvaise herbe ; mais cette culture comme tout le reste est vue avec la plus grande indifférence. Il nous faudrait un sage gouvernement, Monsieur, des hommes intelligents et moins de gâcheurs d'encre et de papier, moins d'avocats et de pédants ; il nous faudrait beaucoup d'étrangers industrieux et notre pays prospérerait ; malheureusement nous ne verrons pas ces choses-là nous autres.

Henri et son compagnon étaient de plus en plus surpris d'entendre parler avec autant de discernement un homme d'une semblable condition. — Cependant il n'est pas rare, dans ce pays, de rencontrer dans les plus humbles classes de la société, des individus qui jugent avec autant de sagesse les choses de leur nation et raisonnent avec beaucoup plus d'à-propos qu'un grand nombre d'écrivassiers et de légistes en herbe qui font la plaie du Centre-Amérique depuis l'époque de la bienheureuse indépendance.

Le courrier de Guatemala arrêté par les gens de Raymundo était parti d'Yzabal trois jours plus tard que Henri. Il portait une valise ronde en cuir, fermée par une chaîne cadenassée dans laquelle se trouvaient les lettres et les dépêches. Les factieux avaient ouvert la valise avec un couteau effilé et avaient rompu le cachet de toutes les lettres, dans l'espérance de trouver quelque argent. Nous avons vu que Raymundo désirait faire lire les lettres que lui ni aucun de ses hommes n'était en état de déchiffrer. Deux soldats apportèrent un panier dans lequel on avait versé pêle-mêle lettres et journaux et le déposèrent sur le sol auprès de nos trois convives. — Messieurs, reprit Léon Raymundo, je ne prétends pas vous faire lire toute cette correspondance, je désire savoir ce que renferment les dépêches du commandant d'Yzabal et des autorités de Zacapa, le reste n'a aucun intérêt pour moi, nous en ferons des cartouches. Les deux jeunes gens ne pouvaient se refuser à rendre le service qu'on leur demandait; refuser eût été dangereux, car ils venaient de voir qu'il n'y avait pas à penser à la résistance. D'ailleurs toutes les lettres étaient déjà ouvertes, elles n'arriveraient jamais à leur destination et don Manuel espérait en trouver quelques-unes à l'adresse de ses amis. Il pourrait, sinon les sauver, au moins en connaître le contenu et leur en faire part une fois arrivé à Guatemala. — Manuel et Henri se mirent donc en devoir de satisfaire la curiosité du général factieux. Les lettres revêtues d'un gros cachet et d'un sceau que celui-ci avait reconnu comme signe distinctif des dépêches officielles avaient été mises de côté. On commença par en faire la lecture — aucune n'offrait de l'importance. L'alcalde premier de Zacapa informait le gouvernement de Guatemala des mouvements de l'ennemi, rapportait les dispositions énergiques que la municipalité avait prises dans l'éventualité d'une attaque à main armée, parlait dans des termes aussi mensongers que pompeux de l'attitude de la garnison (composée de 25 hommes) et de l'horreur qu'avait inspirée chez tous les habitants de Zacapa *l'inique* invasion des troupes salvadoriennes. La municipalité était prête à sacrifier sur l'autel de la patrie ses plus chers intérêts pour le salut de la République. Cette adresse, signée par les alcaldes, tous les membres de la municipalité et le curé, terminait par ces mots : Vive le très-excellent et brave lieutenant général Carrera, défenseur de l'ordre et de la religion ! — Raymundo, en entendant ce rapport, partit d'un grand éclat de rire que les deux voyageurs partagèrent très-franchement, car ils savaient tout ce qui s'était passé pendant leur séjour à Zacapa. Vous voyez, Messieurs, reprit gaiement Raymundo, comme on trompe le pauvre monde dans notre pays. Tous ces grands personnages de Zacapa sont des muletiers plus stupides que leurs animaux, et quant au curé, votre compatriote, don Manuel, je vous le donne pour un fameux *pillo* (littéralement, polisson). Un de ces jours nous irons leur faire une visite.

Maintenant à une autre, si vous le voulez bien, ajouta le général montagnard en présentant à Henri un pli scellé d'un énorme cachet rouge, voilà une belle image! ça doit être intéressant — Henri reconnut de suite l'écriture de M. X... La lettre était adressée au ministre des affaires étrangères. Le consul annonçait son arrivée à Guatemala et priait Son Excellence le ministre de Guatemala, de lui envoyer une escorte à Zacapa, où il attendrait le temps nécessaire avant de se mettre en route. Dans un *post-scriptum*, le consul ajoutait que M. Henri A., parti de France en qualité de chancelier, ne devait pas tarder à arriver et qu'il priait les autorités du pays de ne pas le recevoir, et de veiller sur lui, attendu que ce jeune homme avait, par sa conduite, mérité d'être révoqué de ses fonctions, qu'il avait osé porter la main sur son supérieur au milieu du chemin et en présence de personnes qui seraient appelées à déposer. Le consul se réservait de poursuivre le chancelier devant les tribunaux du pays. Ce fut au tour de Henri de rire à gorge déployée. Le général ne comprenait pas bien le sens de cette lettre, don Manuel se chargea de le lui expliquer. —Ah! ah! ce monsieur demande des escortes au gouvernement, s'écria Raymundo, eh bien! il attendra longtemps! si je me trouve sur son passage, je lui ferai passer un mauvais quart d'heure.—Oh! s'écria Henri, promettez-moi, général, qu'on ne lui fera aucun mal. — Non, non, Caballero, on ne touchera pas à un de ses cheveux; mais on lui fera peur et il faudra qu'il paye la bienvenue! — Et si on lui envoie une escorte, comment vous y prendrez-vous? — Ah! si on lui envoie une escorte, c'est une autre affaire, je ne réponds pas de mes gens. Derrière les pierres et les buissons dans les chemins que vous venez de traverser nous pouvons empêcher une armée de passer; mais ici il ne s'agit pas de cela, quelques coups de fusil suffiront pour faire débander l'escorte, et nous accompagnerons à notre tour Son Excellence.— Il est capable d'en faire une maladie, s'écria Henri, et franchement, il ne l'aura pas volé. — Les autres dépêches étaient insignifiantes. Henri chercha parmi les lettres celles qui pourraient offrir quelque intérêt; mais il n'en trouva aucune.—Les dépêches furent brûlées et les lettres ainsi que les journaux furent remis une autre fois dans le panier que les deux soldats reportèrent dans la case que Raymundo appelait sa *commandance*. Maintenant, Messieurs, avant de vous quitter, fit le général en se levant, je vais vous demander un dernier service : vous allez mettre sur la feuille de route du courrier un mot pour l'administrateur des postes, car il ne serait pas juste qu'on mît ce pauvre diable en prison et qu'on le privât de son salaire. Puis il déploya le passeport du courrier, se fit apporter une plume et de l'encre et dicta à don Manuel la note suivante :

« Quartier général de l'armée libératrice en marche.

» Nous avons saisi la correspondance des traîtres que le courrier N. portait dans sa valise à Guatemala, en foi de quoi nous lui avons délivré le présent certificat.

» Signé : LÉON RAYMUNDO.

» Général en chef de l'armée libératrice. »

Dieu, union et liberté.

Raymundo, enchanté de la complaisance des deux étrangers, leur dit en prenant le passeport du courrier :
— Messieurs, je vous remercie infiniment de toutes vos bontés ; si je puis vous être utile à quelque chose, disposez de moi. D'ici à Guatemala, vous n'avez rien à craindre. Puis, leur donnant à chacun une vigoureuse poignée de main, il alla détacher son cheval et se diri-

gea à la *commandance* où, après avoir fait rendre la liberté au pauvre courrier, il enfourcha sa monture et disparut à travers un sentier étroit qu'on distinguait à peine dans l'épaisseur du fourré.

— Maintenant à nous autres, cria Henri au domestique José ; qu'on selle les animaux, que le muletier charge les mules, et en route ! Nous marchons d'aventures en aventures, dit-il en s'adressant à don Manuel, qui croyait sortir d'un rêve. — Ma foi je vous avouerai, mon cher monsieur, lui répondit ce dernier, que je ne croyais pas en être quitte à si bon compte. Le gaillard aurait pu nous faire un vilain parti, et qui sait comment nous nous en serions tirés? Si vous aviez vu comme moi les regards qu'il jetait sur votre cheval noir, vous n'eussiez pas été très-rassuré ; j'ai bien cru qu'il exigerait que nous lui en fissions cadeau. — Ah ! cela est autre chose, mon ami Manuel, reprit Henri ; ce cheval est sacré pour moi, et je ne conseillerais à personne de vouloir me l'enlever, fût-ce le président de la République lui-même. — C'est très-facile à dire, continua Manuel, mais contre la force il n'y a rien à faire.

En effet, les deux jeunes gens avaient couru un danger réel. Les soldats de Raymundo étaient très-disposés à s'emparer des bagages, des armes et des montures des voyageurs ; mais leur général se trouvait ce jour-là en belle humeur, les deux jeunes gens lui avaient plu et il avait décidé qu'on les laisserait continuer leur route sans les molester.

Plus tard nous avons vu, en 1848, plus de soixante commerçants de Guatemala qui allaient, armés jusqu'aux dents, à la foire de San-Miguel, dans l'Etat du Salvador, faits prisonniers à neuf lieues de Guatemala, obligés de passer une journée au milieu des factieux, d'abandonner leurs armes, de donner de l'argent, de la poudre et de l'eau-de-vie pour pouvoir poursuivre leur voyage. Encore eurent-ils besoin de se valoir de la présence d'un général salvadorien qui les accompagnait et qui voulut bien répondre pour eux. Ces fâcheuses rencontres sont d'ailleurs fort rares.

Deux heures après l'incident que nous venons de raconter, les deux compagnons de voyage gravissaient la montagne du Puente. Arrivés au quart de la côte, ils purent voir à leurs pieds l'armée de Raymundo défiler au pas de course et traverser le pont. Le général avait changé d'itinéraire et il se dirigeait sans doute vers la savaneta où il savait ne pas devoir être inquiété.

En approchant du point culminant de la montagne du Puente, l'air devient vif et frais. La végétation change encore d'aspect et l'on traverse des forêts de chênes aux feuilles coriaces. A partir de ce point, le chemin présente, il est vrai, encore de nombreux accidents de terrain, mais on se trouve sur les plateaux de la Cordilière où l'on jouit d'un printemps perpétuel. On retrouve encore de vastes collines plantées de pins, et, après six heures de marche, on découvre la plaine de Guatemala, les magnifiques volcans de *Agua* et de *Fuego*, situés à neuf lieues de la ville, et le ravissant panorama de la capitale. Cette transition produit un effet qu'on rendrait difficilement.

Le voyageur, fatigué de la monotonie du chemin et de ses éternelles montées et descentes, repose agréablement sa vue sur ce joli paysage qui semble lui promettre de grands dédommagements. L'aspect lointain de Guatemala présente, en effet, quelque chose d'enchanteur ; malheureusement il y a loin de l'apparence à la réalité.

Le jour commençait à baisser quand Henri et son compagnon arrivèrent à un endroit nommé *Fiscal*, situé à deux lieues de la capitale et d'où l'on découvre le point de vue dont nous venons de parler.

— Nous arriverons fort tard, dit don Manuel. — Peu importe répondit Henri, on ne nous verra pas entrer et je n'en suis pas fâché, car notre tenue n'est pas des plus élégantes ni des plus propres. — Ah ! on sait bien à Guatemala ce que sont des voyageurs qui viennent de faire quatre vingts lieues ; et quand même nous arriverions à midi, n'allez pas vous attendre à rencontrer grand monde dans les rues, surtout si, comme nous le supposons, l'ennemi est aux portes de la ville.

En approchant de Guatemala, Henri pensait à la position assez embarrassée dans laquelle il allait se trouver. Etranger, dans un pays bouleversé par la guerre civile, qu'allait-il devenir ? quel parti allait-il prendre ? Ses ressources seraient bientôt épuisées. Il est vrai qu'il eût pu s'adresser au consul X... et lui demander les fonds nécessaires à son voyage de retour, fonds auxquels il avait droit et que celui-ci ne pouvait lui refuser. Mais avant d'avoir recours à ce moyen, ce jeune homme eût préféré braver la misère et se livrer aux plus durs travaux. Il ne voulait pas non plus retourner en Europe, et parfois il espérait que, par un de ces coups du sort, beaucoup moins rares en Amérique que dans l'ancien monde, il arriverait à se créer une belle position et à amasser une grande fortune. Il comprenait, un peu tard il est vrai, qu'une place de chancelier n'était pas faite pour lui et qu'elle ne pouvait le faire arriver, sinon par le plus grand des hasards et au bout d'un nombre considérable d'années, qu'à quelque consulat sans importance. Sa violente rupture avec M. X... n'avait peut-être été qu'un événement heureux, et il ne devait pas tarder à le savoir. Tout à coup il fit trêve à ses réflexions pour adresser la parole à son compagnon qui, de son côté, pensait également au but de son voyage et qui craignait avec raison que la guerre ne portât un grave préjudice à ses affaires commerciales. Manuel P. appartenait à une des premières familles de Guatemala ; il possédait une maison de commerce et faisait de fréquents voyages à la Havane où il avait quelques parents.

Nos lecteurs se rappellent qu'au moment de s'embarquer, don Manuel recommandait à deux personnages qui étaient venus l'accompagner de veiller de près sa cousine Pépa.

Par un de ces hasards que les romanciers se plaisent à créer et qui cependant sont moins rares qu'on ne le pense, la charmante Pépa, qui avait un moment captivé le cœur du jeune chancelier, n'était autre que la cousine de don Manuel.

Celui-ci comptait l'épouser à son prochain voyage et devait un jour l'arracher à sa jolie ville natale pour aller la renfermer dans cet immense couvent que l'on appelle Guatemala. Henri était loin de se douter que son compagnon de voyage était l'heureux mortel qui devait un jour épouser la belle et riche Pépa. — Monsieur Manuel, dit à ce dernier Henri, voilà bientôt une heure que nous ne disons un mot ni l'un ni l'autre ; nous sommes près d'arriver, et j'ignore encore dans quel hôtel j'irai descendre. Don Manuel lui répondit en riant : — Parbleu, mon cher monsieur, il est temps d'y penser ; mais rassurez-vous, je compte bien que vous me ferez l'honneur d'accepter l'hospitalité chez moi. Il n'y a pas d'hôtel à Guatemala ; aussi cette fois vous êtes mon prisonnier. — Comment ! fit Henri en fixant avec étonnement son compagnon, il n'y a pas d'hôtel dans cette grande ville, mais où vont donc loger les étrangers ? — Mon cher, ils font comme vous, le hasard se charge de leur trouver une maison où ils sont toujours bien reçus et où ils peuvent se considérer comme chez eux. Tous les habitants de Guatemala sont par le fait aubergistes ; mais ce sont des aubergistes qui ne souffrent pas qu'on les paye. Vous m'avouerez qu'il y a peu de villes comme cela en Europe. — En effet, répondit en riant Henri ; mais je serais désolé de vous gêner et vous me rendriez un fort mauvais service si, poussé par une générosité dont je vous sais le meilleur gré, vous alliez introduire dans votre maison, où vos parents s'attendent à vous recevoir seul, un étranger, un hôte importun comme moi. — Oh ! monsieur Henri, soyez persuadé que mes parents vous recevront comme l'un de leurs enfants quand ils sauront l'estime et l'amitié que je vous porte; et ne craignez pas d'être importun, vous serez pour nous une trop agréable compagnie dans ce triste séjour pour que nous ne fassions pas les plus grands efforts pour vous retenir près de nous. Ainsi, vous ne me ferez pas l'affront de me refuser.

Il n'y avait rien à répondre à ce langage flatteur. Henri serra cordialement la main du jeune Espagnol et ils continuèrent à s'entretenir de choses et d'autres. Ils étaient arrivés au sommet d'une côte pavée qui descend rapidement dans un ravin, au fond duquel coule une petite rivière ou torrent appelé *Rio de las Vacas.* On passe la rivière sur un pont de pierre bâti par les Espagnols et qui porte une singulière ou, pour mieux dire, une triste inscription : « Ce pont a été bâti l'année où les Français ont été expulsés de l'Espagne. » De l'autre côté du pont il y a encore une côte pierrée à gravir. A un quart de lieue se trouve la porte *ou garita* (appelée porte du Golfe), située au N.-E. de Guatemala. Nos voyageurs furent bientôt assaillis par le cri de *quien vive* d'une sentinelle avancée. Une espèce de barricade ou redoute avait été dressée devant la porte de la ville.

Aux cris de la sentinelle, don Manuel répondit le mot d'ordre à l'usage des habitants : *Gente de paz;* mais la sentinelle cria une autre fois : *Alto hay* (halte-là). Les deux jeunes gens s'arrêtèrent, attendant qu'on vînt à leur rencontre. En effet, quelques minutes après, un sergent, suivi de quelques soldats, vint, une lanterne à la main, jeter un coup d'œil sur les voyageurs et les pria de le suivre au poste pour faire voir leurs passeports. Là un officier prit les passeports et, après les avoir parcourus, les rendit aux voyageurs. Il leur demanda des nouvelles du chemin; mais ceux-ci, qui avaient hâte d'arriver et de se reposer, se contentèrent de raconter très-brièvement ce qu'ils avaient entendu dire à Zacapa, et prirent congé de l'officier.

La porte du Golfe est fort éloignée du centre de la ville et à l'extrémité d'un faubourg nommé *Candelaria.* Au bout d'une demi-heure, Henri, qui suivait don Manuel, passait avec lui sous une vaste porte cochère qu'on venait d'ouvrir à deux battants, et faisait son entrée dans une belle maison. Les parents de l'Espagnol, en proie depuis plusieurs jours aux plus vives inquiétudes sur le sort de celui qu'ils savaient en route, le reçurent ainsi qu'Henri avec des transports de joie. Comme on le pense bien, ils furent accablés de questions. La ville s'attendait à être attaquée d'un moment à l'autre, et les habitants, barricadés dans leurs maisons, n'osant plus sortir le soir, vivaient dans de continuelles alarmes. L'arrivée des deux jeunes gens donna le change aux idées. On leur servit un abondant souper auquel assistèrent tous les membres de la famille, et on ne se sépara qu'à onze heures du soir, encore par égard aux voyageurs qui devaient avoir besoin de repos, car on aurait volontiers passé la nuit à s'entretenir des incidents du voyage et des graves événements du jour. Henri fut conduit dans une chambre élégante, que la maîtresse de la maison le pria de considérer comme sienne pour tout le temps qu'il voudrait bien l'honorer de sa présence. Ainsi, dans ce pays, l'hospitalité la plus touchante est pratiquée par toutes les classes de la société, depuis le plus pauvre jusqu'au plus riche.

CHAPITRE X.

Un avenir brisé.

Guatemala est une fort belle ville ; elle n'a que le défaut d'être fort triste. Ses rues, tirées au cordeau, sont larges et bien pavées ; les maisons, très-basses, à cause des tremblements de terre, n'ont qu'un étage [1], et se ressemblent presque toutes. Les fenêtres sont garnies de forts barreaux en fer, ce qui donne aux maisons l'aspect de prisons. On appelle *cuadra* la réunion de plusieurs maisons sur une ligne qui a environ 100 mètres de longueur, et *manzana* la réunion de

[1] On commence à construire quelques maisons à deux étages. L'édifice de la Société économique, le nouveau Collége des jésuites, et le Théâtre de Carrera, d'une construction solide et remarquable, n'existent que depuis peu.

quatre cuadras. La manzana a donc quatre façades sur la rue. Cette construction donne à la ville, vue à une certaine hauteur, l'aspect d'un damier. Quelques beaux édifices, le palais du gouvernement, le cabildo ou hôtel de ville, l'hôtel des monnaies (*cuno*), l'université, des temples somptueux et très-nombreux, des fontaines et des lavoirs, ornent la capitale, qui, située à quelques lieues de la mer, serait une des plus belles et des plus importantes villes de l'Amérique. L'eau, amenée par de beaux aqueducs d'une distance de trois lieues, est répartie avec abondance dans toutes les maisons et sur toutes les places [1]: Les habitants de Guatemala sont fort religieux et passent la majeure partie de leur vie dans les églises. Les fêtes religieuses, qui y sont fort nombreuses, se célèbrent avec la plus grande pompe. Chacun y contribue par des offrandes proportionnées à

[1] La ville de Guatemala est d'une construction moderne. L'ancienne capitale, aujourd'hui *Antigua Guatemala*, située à 9 lieues au S.-O., entre deux beaux volcans, *volcan de Agua* et *volcan de Fuego*, fut en partie détruite par un tremblement de terre en 1774. Les colons espagnols, exagérant les pertes qu'ils venaient d'éprouver, s'adressèrent au roi pour obtenir l'autorisation de construire la capitale sur un autre emplacement plus éloigné des volcans, et à l'abri des tremblements de terre. Le roi la leur accorda, et mit à leur disposition des sommes considérables. La nouvelle capitale eût pu être située plus avantageusement; mais les Guatémaliens ne voulaient pas trop s'éloigner de l'ancienne ville, dont la plupart des matériaux devaient servir à l'érection de la nouvelle, et il leur fallait un climat aussi doux que celui de l'Antigua.

ses moyens. On compte encore à Guatemala cinq couvents d'hommes et sept de femmes.

Parmi les églises, les plus remarquables, sont la cathédrale non terminée, Santo-Domingo, San-Francisco et la Merced. Sur une éminence, au nord-est de la ville, se voit une vieille église, appelée *Carmen del Cerro*, et au sud, également sur une hauteur, l'église de *los Remedios* ou *Calvario*, rendez-vous des promeneurs pendant toute l'année, à partir de trois heures du soir. La place du gouvernement est assez belle, entourée de *portales* ou *arcades ;* elle est bornée à l'est par la cathedrale, le palais de l'archevêque et la maîtrise, au nord par le cabildo, à l'ouest par le palais du gouvernement et la cour de justice, et au sud par de nombreuses boutiques. Au centre, se trouve une fontaine d'assez mauvais goût, et un tiers de la place, du côté de la cathédrale, est défiguré par d'affreuses échoppes occupées par de petits commerçants. Entre ces échoppes, le palais du gouvernement et la cour de justice, se tient le marché, qui est, sans contredit, ce que Guatemala offre de plus curieux et de plus vivant. On y voit, en effet, depuis dix heures du matin jusqu'à quatre heures du soir, une variété infinie de denrées, apportées des environs par des Indiens vêtus de costumes pittoresques. Le règne végétal étale sur ce marché ses plus belles richesses. A côté de nombreux fruits des tropiques [1], on remarque avec plaisir des pommes, des

[1] Les fruits les plus remarquables par leur beauté et leur

poires, des pêches et de beaux légumes qui rappellent la froide Europe. La plupart des vivres arrivent de neuf à dix lieues à la ronde ; c'est pourquoi la place ne se couvre de marchandises qu'à dix heures du matin. Quelques pueblos d'Indiens, éloignés de trente à quarante lieues, envoient à Guatemala le produit de leur culture. Le maïs et les haricots occupent la plus grande place ; puis, ce sont des volailles, du poisson frais et salé, des oignons et des choux d'une beauté remarquable.

Le terrain de Guatemala est sec et aride ; cependant, à l'aide d'amendements et d'une culture intelligente, il peut produire tous les légumes de l'Europe. La température est délicieuse ; on y jouit d'un printemps perpétuel, et, dans toutes les maisons, les fleurs les plus variées ornent les jardins et les parterres pendant toute

saveur sont : l'anone (*anona*) dont il existe plusieurs variétés, celle qui mûrit en novembre et décembre à Guatemala est délicieuse ; les bananes connues sous les noms de *plátanos* et *guineos* (plus de dix espèces) ; les tunas (figues du nopal, *cactus opuntia*) ; les sapotes, les sapotilles (*nisperos*) ; les sonsapotes, les mameys, les aguacates (fruit du *laurus persea*) ; les mangos, les caïmitos, les nances (fruits semblables aux cerises de divers *malpighia*) ; les jocotes (*monbains*) dont on connaît une douzaine d'espèces ; les melons, les pastèques, les pommes, les perotes, les poires, les pêches jaunes (*melocotones*) ; les grenadilles (*passiflorées*) ; les grenades, les oranges, les citrons doux (*limas*) ; les poncires, les cédrats, les papayas, les tempisques. On trouve également sur le marché des cocos, des fruits d'autres espèces de palmiers et des fleurs qui se mangent (pacayas, pito, *erythræa corollodendron*) hisote (*yucca gloriosa*), etc., etc.

l'année. Malheureusement, comme nous l'avons déjà dit, la ville manque de mouvement, l'herbe croît entre les pavés et sur le bord des ruisseaux. L'étranger y éprouve une tristesse voisine du spleen. Les opinions politiques qui divisent les familles, de nombreux jours passés au milieu des horreurs de la guerre civile, la fatale situation d'une ville enfouie au milieu d'un pays de montagnes, presque inaccessible, sans cesse menacée d'invasion soit de la part des États voisins, soit de celle des Indiens qui forment les quatre cinquièmes de la population, ne contribuent pas peu à rendre le Guatemalien timide et sédentaire. A peine le soleil est-il couché que les boutiques de la rue du Commerce et de la *Calle real* se ferment; les cloches sonnent l'*Angelus*, et la ville devient déserte. Avant l'établissement de l'éclairage public, qui ne date que d'une douzaine d'années, et l'institution des serenos (garde-nuit), il était dangereux de s'aventurer sans armes dans les rues. Des familles d'assassins connus de tout le monde rôdaient impunément dans tous les quartiers de la ville; les *leperos*, embossés dans leur sarape, et armés d'un long couteau, se postaient dans les ruelles et au coin des *plazuelas* (*petites places*), où ils régnaient en maîtres. Les quartiers de la Candelaria, de la Cruz del Milagro, du Calvaire et de Santo-Domingo étaient souvent le théâtre de rixes sanglantes et d'orgies sauvages auxquelles prenaient part les officiers de la garnison. Depuis, les choses ont heureusement changé; les rues sont devenues plus sûres, et une grande partie des assassins qui troublaient le repos de la ville ont été fusillés ou tués dans les révolutions.

A l'époque où se passent les événements que nous esquissons à grands traits, les habitants vivaient dans des transes continuelles. L'armée de Carrera occupait la ville. La place était entourée de barricades ou fortines, et des patrouilles parcouraient les rues et s'introduisaient souvent dans les maisons pour y chercher des déserteurs, enlever les chevaux pour le service de la cavalerie, ou arracher quelque contribution. La nuit, le cri des sentinelles, le pas des chevaux retentissant sur le pavé, et des coups de fusil tirés à l'aventure par des soldats ivres, troublaient le sommeil des pauvres Guatémaliens.

Enfin Morazan assiége Guatemala, le 19 mars 1842. Il attendait depuis quelques jours aux environs de cette ville les habitants de l'Antigua Guatemala, sur le concours desquels il avait cru pouvoir compter; mais ceux-ci ne bougèrent pas, et le général, qui ne possédait qu'une armée très-inférieure en nombre à celle de Carrera, ne voulant point rétrograder, attaqua la place et parvint à y entrer. Dans toutes les villes de l'Amérique-Centrale, les choses, en cas de guerre, se passent de la même manière. Les forces se concentrent dans la place, et la ville n'est prise que lorsque celle-ci est abandonnée par ses défenseurs. Dans le siége de Grenade, qui dura plus d'un an, les troupes de Léon s'étaient emparées de tous les faubourgs, avaient mis le feu aux maisons qui entouraient la place; mais Chamorro occupait le cabildo et la cathédrale, et les ennemis durent enfin lever le siége ; Grenade était en partie détruite ; mais Grenade n'avait pas été prise. Plusieurs années auparavant, la ville de San-Salvador fut assiégée par le général Montufar, qui parvint à se rendre maître de tous les quartiers ; il entra même dans la place ; mais ses soldats, qui manquaient de vivres depuis plusieurs jours, se dispersèrent dans toutes les directions pour trouver de quoi manger. Les troupes qui défendaient la ville purent se réunir dans le barrio del Calvario (*quartier du Calvaire*), reprirent la place et déroutèrent l'armée du général guatémalien, qui, en se retirant, mit le feu à tout un quartier.

Carrera opposa une faible résistance à Morazan et le laissa s'introduire dans la place. Celui-ci se croyait maître de la ville ; mais son adversaire, qui disposait d'une nombreuse armée, l'enveloppa à son tour dans la place et le dérouta complétement. Morazan dut se frayer un passage à travers les troupes guatémaliennes qui le cernaient, en criant : *Vive le général Carrera !* afin de ne pas être reconnu ; puis rassemblant les débris de son armée, il se retira sur l'Antigua, où la population qui venait d'apprendre sa défaite, ne fit aucune démonstration en sa faveur. Ce fut la dernière campagne de Morazan. Le parti de la fédération centre-américaine était perdu pour toujours. Nous ajouterons ici un fait historique qui donnera à nos lecteurs une idée de la politique pratiquée alors par les Anglais dans ce pays. Une partie de l'armée de Morazan ne put s'échapper de la place, un grand nombre de soldats fut fait prisonnier. Les officiers étaient fusillés sans pitié. Quelques-uns se réfugièrent dans les maisons pour échapper à la mort. Un détachement de Salvadoriens commandé par plusieurs officiers crut trouver dans la demeure du consul anglais un asile inviolable. Les troupes de Carrera les y poursuivirent, entrèrent dans la maison sur le toit de laquelle flottait la bannière britannique et immolèrent impitoyablement les malheureux lieutenants de Morazan, qui imploraient en vain l'intercession du consul Chatfield. Celui-ci ne fit aucune démarche pour s'opposer à ce massacre. Les soldats du chef de la fédération qui avait osé protester contre l'occupation arbitraire de Bélize et de Roatan n'étaient pas dignes de sa pitié.... Quelques années auparavant, un consul de France, M. de Mahélin, revêtu de son uniforme, traversait la place de Guatemala au milieu des balles et cherchait à arracher des victimes à la fureur des soldats de Carrera !

A partir de cette journée, Carrera exerça un pouvoir illimité sur Guatemala, il poursuivit à outrance les partisans de Morazan et malgré la révolution qui éclata contre lui en 1847 et une guerre de montagne qui n'est pas encore complétement étouffée, il est parvenu à se faire nommer président à vie et à constituer la présidence héréditaire. Guatemala n'en porte pas moins le titre de république.

Témoin de la défaite de Morazan, Henri A..., peu

satisfait de son séjour à Guatemala, partit de cette ville le jour même que M. X... y faisait son entrée. Il apprit enfin de don Manuel ses projets de mariage avec la belle Havanaise, qu'il n'avait pas oubliée et qui lui apparaissait de temps à autre dans son imagination, lorsqu'il pensait aux offres que le vieux négociant de la Havane lui avait faites, deux mois auparavant, offres qu'il n'avait pas cru devoir accepter. Découragé, Henri eut la fatale idée d'offrir ses services au général Morazan, pour lequel nous avons déjà dit qu'on lui avait remis une lettre de recommandation. L'époque était mal choisie. L'étoile du brave Hondurien [1] avait pâli, et devait bientôt s'éteindre ; douze ans auparavant c'eût été une bonne idée. A cette époque, Morazan était tout-puissant. Un général français, Raoul, qu'il avait à son service, l'aida à triompher de ses ennemis et dirigea habilement son artillerie qui avant lui ne pouvait être d'aucune utilité. Grâce au général Raoul [2], Morazan prit Guatemala en 1829 après un siége mémorable dans les annales du pays. Henri, peu à peu initié à l'histoire du Centre-Amérique, avait, en jeune homme ardent, épousé le parti libéral. Il lui sembla que le pays pouvait être ré-

[1] Morazan, naquit à Tegucigalpa, ville principale de l'état de Honduras. *Comayagua*, la capitale, est beaucoup moins importante.

[2] A son retour du Centre-Amérique, le général Raoul, qui avait conservé son grade dans l'armée française, fut nommé commandant de la division militaire du département du Rhône.

généré et qu'il pourrait acquérir quelque gloire en combattant dans les rangs de l'armée fédérale. Il fit parvenir une lettre au général Morazan, et quelque temps après il reçut une réponse qui l'engageait à partir pour San-Salvador. Il devait trouver à quelques lieues de Guatemala un officier qui le mettrait au courant des projets du général, et il lui était conféré, en attendant, le titre de *colonel*. Henri fit ses adieux à don Manuel et à sa famille. José, le domestique de Pulleyro, ne voulant plus le quitter, l'accompagna dans son voyage. M. X. n'entendit pas parler de son chancelier. Celui-ci n'avait fait de visite à personne. Les quelques Français qui allèrent complimenter leur nouveau consul furent très-étonnés d'apprendre l'histoire que celui-ci ne manqua pas de leur conter et dans laquelle, comme on le pense bien, passablement exagérée, le chancelier ne jouait pas le plus beau rôle. Henri fut remplacé par un Français que les revers du lansquenet et du tapis vert avaient fait émigrer en Amérique et dont le caractère souple et mielleux devait parfaitement s'harmoniser avec celui du consul.

La carrière de Henri était à jamais brisée, et le parti qu'il venait de prendre était un véritable suicide. Don Manuel fit tout son possible pour retenir Henri à Guatemala, celui-ci ne lui confia pas ses projets, il prit pour prétexte l'état de sa santé qui commençait à s'altérer et le désir de connaître San-Salvador. « Je sens, lui disait le jeune Français, la veille de son départ, je sens que je ne saurais vivre longtemps dans une pareille inaction sans devenir malade. Je n'aurais pu m'accommoder des fonctions de chancelier, je ne me repens pas de ce que j'ai fait, j'aurais peut-être dû rester à la Havane; mais vous le voyez, don Manuel, le malheur me poursuit; si j'avais prolongé mon séjour dans cette charmante colonie, j'y serais devenu éperdument amoureux d'une femme qui ne pouvait m'aimer, et cette femme, don Manuel, je puis vous le dire maintenant que je vous quitte, cette femme, c'est votre fiancée... » Que dites-vous, Henri ? s'écria don Manuel au comble de l'étonnement, c'est de Pépa que vous voulez parler. — Oui, don Manuel; mais rassurez-vous, à peine a-t-elle eu le temps de m'apercevoir dans les salons de la Havane; elle ne se souviendrait sans doute pas de moi aujourd'hui. D'ailleurs puisque Pépa est votre fiancée, en fussé-je devenu mille fois plus amoureux, cela ne m'aurait avancé à rien... Qui sait? reprit don Manuel, en serrant la main de son ami, si vous étiez resté à la Havane, vous eussiez été pour moi un rival dangereux, car aux yeux de Pépa, j'ai un grand défaut, celui d'être son cousin. Heureusement, nous n'avons pas été élevés ensemble. Pépa m'aime, j'en ai la conviction; mais je crois que son amour ne résisterait pas à une absence d'une année. Elle est jeune, jolie, adulée partout où elle se présente, recherchée par tous ces jeunes *pollos* (non que l'on donne à la Havane aux jeunes amoureux et qui signifie *poulets*) dont vous l'aurez sans doute vue entourée; mais elle n'a encore éprouvé aucune passion violente : elle m'aime parce qu'on lui a dit qu'il faut aimer son prétendu ; mais cela ne va pas plus loin. Aussi, comme vous devez bien le penser, je ne tarderai pas à aller la retrouver à la Havane. Si la paix ne se rétablit pas ici, il est probable que je me fixerai dans l'île de Cuba. » — Ainsi Henri comprenait par cette confidence qu'il aurait facilement gagné le cœur de la jeune Havanaise, et quoiqu'il se reprochât cette pensée, par amitié pour don Manuel dont il avait eu le temps d'apprécier les excellentes qualités et la générosité, il en éprouvait en quelque sorte du dépit.

Les deux jeunes gens passèrent une partie de la nuit à s'entretenir de choses et d'autres. Les parents de don Manuel voyaient avec chagrin le départ de leur aimable hôte et formaient des vœux pour le voir revenir bientôt près d'eux.

— Vous ne tarderez pas, lui disait-on, à revenir à Guatemala ; vous trouverez que notre ville, malgré ses imperfections et son monotone séjour, vaut encore mieux que toutes celles que vous visiterez dans l'Amérique centrale. Vous êtes venu dans un mauvais moment ; mais quand la paix sera parfaitement rétablie, si vous revenez, vous ne voudrez plus nous quitter.

Le lendemain matin, à la pointe du jour, Henri partit de Guatemala et prit la route de San-Salvador. Don Manuel l'accompagna jusqu'à la villa de Guadalupe, petit village situé à deux lieues de la capitale, au pied de la côte de Pinula. Après des adieux touchants, nos deux amis se séparèrent, et Henri poursuivit tristement sa route, suivi de son domestique José.

C'était dans les premiers jours d'avril. A cette époque de l'année, les chemins sont parfaitement secs, et la route du Salvador, à part quelques courts passages, est meilleure que celle qui conduit d'Yzabal à Guatemala. A neuf lieues de la capitale, se trouve le petit pueblo de *Cerro-Redondo*, ainsi appelé à cause d'une petite montagne de forme arrondie, ancien volcan éteint depuis des siècles, au pied duquel il est situé. Les Dominicains ont fondé dans ce village une hacienda où se fabriquait d'excellent sucre et qui, par suite des révolutions, resta longtemps abandonné. De Guatemala à *Cerro-Redondo*, on traverse une branche de la cordilière, sur le plateau de laquelle se trouvent quelques hameaux et des fermes. La plus importante est celle de *Fraïjanes*. De Fraïjanes à Cerro-Redondo, on descend constamment et l'on passe d'une température très-fraîche (qui devient même assez froide aux mois de décembre et janvier) à une chaleur assez forte. Henri ne s'arrêta qu'un moment à Cerro-Redondo et alla coucher à cinq lieues de là, dans un pueblo nommé Coajiniquïlapa. Désireux cette fois de faire rapidement le voyage, et ne trouvant d'ailleurs sur sa route aucun sujet digne d'attirer son attention, il quitta ce dernier village avant qu'il fît jour.

CHAPITRE XI.

Le Velorio.

Le pueblo de Jalpatagua est à six lieues du Rio-Paz, rivière qui divise le territoire de la République de Guatemala et celui du Salvador, sur la route dite *des provinces*. Il est situé à l'extrémité d'une plaine remplie de pierres volcaniques et entourée de hautes montagnes, dont quelques-unes, celles qui se dirigent vers le sud, sont, pendant la saison sèche, brûlées par le soleil, et présentent un aspect sombre et sauvage. Le village n'a rien de remarquable. Comme toujours, on trouve une place assez grande avec l'église au clocher nain, le cabildo rustique avec sa prison fermée par une porte massive formée de gros barreaux, et au milieu, la gracieuse ceïba, dont le branchage élevé forme un dôme de verdure qui domine le pueblo et s'aperçoit à plusieurs lieues de distance.

Dans les environs de Jalpatagua, existaient autrefois, du temps des Espagnols, de grandes haciendas dont les propriétaires avaient de nombreux esclaves. Ceux-ci, devenus libres après l'indépendance, se sont croisés avec la race indienne et ont formé ces individus de sang mêlé qu'on appelle dans le pays *zambos*. Ces métis sont généralement de haute taille, ont les cheveux crépus comme les mulâtres, le regard sauvage, les dents blanches et les lèvres moins grosses que les nègres. Ils sont hautains, très-irascibles, et jouissent avec assez de raison d'une mauvaise renommée. C'est aux zambos que l'on trouve disséminés sur la frontière de l'Etat de Salvador, dans les pueblos de Jutiapa, Azacualpa, Santa-Rosa, Jalpatagua et beaucoup d'autres que nous ne mentionnons pas, qu'on attribue la plupart des vols et des assassinats commis dans ces contrées. Les femmes participent également du type mulâtre et du type indien; on en rencontre toutefois d'assez jolies. Leur taille est svelte et élancée, leurs yeux noirs sont remplis d'une expression sauvage qui ne manque pas de charme, et leurs manières sont parfois assez gracieuses; malheureusement le défaut d'éducation et la vie retirée qu'elles mènent au milieu de ces solitudes ne sauraient développer leur intelligence.

Henri, monté sur son beau cheval noir et suivi de son fidèle José, arrivait à Jalpatagua à six heures du soir. Il avait fait environ quinze lieues sans se reposer. Il descendit près du cabildo, dans la maison d'un jeune Guatemalien, Mariano Dominguez, où il devait rencontrer un officier colombien chargé de l'accompagner à San-Salvador et de le mettre en rapport avec les partisans du général Morazan. L'issue malheureuse de la campagne de Guatemala avait provoqué dans l'État du Salvador une réaction formidable contre Morazan ; on craignait des représailles de la part de Carrera. Ce général, ne pouvant plus compter sur un pays dont les soldats venaient d'être battus et dont les ressources étaient épuisées, s'embarqua pour Costa-Rica avec son état-major, pensant tirer de nouvelles ressources dans cette pacifique contrée.

Malheureusement la fortune avait abandonné Morazan. Tant que celui-ci avait demandé de l'argent, on lui en avait fourni, mais cette fois il voulait des soldats, des armes, et faire vendre les biens du clergé. Ses officiers commettaient de graves abus. Les Costa-Ricains se révoltèrent, et Morazan fut fait prisonnier. Il fut fusillé le jour de l'anniversaire de l'indépendance du Centre-Amérique, le 15 septembre.

Comme tous les pueblos de Guatemala situés sur la frontière du Salvador, Jalpatagua donnait asile aux criminels de l'État voisin et aux individus poursuivis pour délits politiques, prêts à franchir la frontière en cas de danger. Les habitants de ce village avaient des rapports plus fréquents avec l'Etat du Salvador qu'avec la capitale, et ils étaient presque tous dévoués au parti libéral. Henri pouvait donc en toute sûreté s'y mettre en rapport avec un officier de l'armée de Morazan. Dès que le Colombien aperçut, à travers les barreaux de la fenêtre derrière laquelle il était appuyé depuis près d'une heure, deux hommes qui débouchaient sur la place, il reconnut Henri, bien qu'il ne l'eût vu qu'une fois et de nuit à Guatemala. Il alla prévenir Dominguez, et tous deux ouvrant à deux battants la porte de la cour, accueillirent le jeune homme avec force démonstrations de joie... Le Colombien échangea une poignée de main avec Henri et se dirigea avec lui dans la salle où déjà Dominguez faisait mettre le couvert. « — Nous vous attendions pour souper, senor colonel, dit ce dernier à Henri ; vous devez être fatigué et avoir besoin de repos. — En effet, j'ai marché toute la journée, et jamais chemin ne m'a paru plus long et plus triste, répondit Henri. » Nos trois personnages se mirent à table et causèrent à voix basse, dans la crainte d'être entendus du dehors, des projets du général Morazan. « — Voyez-vous, disait le Colombien, le général ne peut plus compter sur le Salvador dans ce moment-ci, et si vous voulez que je vous dise mon opinion, je crois que c'est un homme perdu. — Je ne pense pas comme vous, répliqua Henri ; le parti libéral est plus fort que vous ne pensez à Guatemala même. Le général s'est trop précipité. Lorsqu'il a vu que les secours qu'on lui avait promis de l'Antigua ne venaient pas, il devait se retirer, envahir le département de Chiquimula, où il eût été parfaitement accueilli ; une fois Chiquimula en son pouvoir, l'Antigua se serait prononcée, les autres départements auraient fait de même, et le triomphe devenait facile... — Parfaitement raisonné, s'écria Dominguez, et c'est un malheur qu'il n'y ait eu personne auprès de Morazan pour lui dicter ce sage conseil. » Le souper était terminé, et Henri allait se jeter dans un hamac pour passer la nuit, lorsqu'on frappa du dehors à la porte de la maison. « Que peut-on me vouloir à cette heure ? » fit en se levant Dominguez. Le Colombien paraissait inquiet, Henri attendait... Dominguez ouvrit. Une jeune fille, suivie de quelques femmes, qui restèrent dans la rue, entra. Elle venait prier Dominguez de vouloir bien assister, ainsi que ses deux hôtes, à un velorio... « — Ma chère Dolores, répondit Dominguez, je ne sais si ces messieurs voudront bien m'accompagner, ils sont très-fatigués et doivent partir demain matin... — Quel dommage! répondit la jeune fille en fixant deux beaux yeux noirs sur Henri ; qu'ils viennent seulement un instant, ma mère en sera bien heureuse. » Elle prononça ces paroles d'une voix si douce et si pénétrante, que Henri en fut ému. Il se leva et regarda attentivement la jeune fille.

C'était une belle personne d'une vingtaine d'années ; sa figure, remplie d'une expression mélancolique, était d'une beauté parfaite et rappelait le plus beau type andalous ; deux longues tresses de magnifiques cheveux noirs, enroulés sur le haut de sa tête, lui formaient une sorte de turban. Elle était vêtue d'une *nagua* violette, et sa taille svelte et admirablement bien prise se dessinait au travers d'une espèce de corsage de mousseline ; ses belles épaules étaient à peu près recouvertes par un *rebozo* (sorte d'écharpe) à grandes raies jaunes et noires, garni d'une frange de soie. — Eh bien ! que décidez-vous ? demanda Dominguez à ses deux hôtes ; voulez-vous m'accompagner ? Vous ne savez peut-être pas ce que c'est qu'un *velorio*, senor don Enrique ; il ne tient qu'à vous de vous en faire une idée.

Henri fit un signe au Colombien, et, malgré le besoin de repos qu'il éprouvait, il accompagna Dominguez avec l'officier, et suivit avec eux la jeune fille et ses compagnes.

A environ deux cents pas de la maison de Dominguez, une foule d'individus des deux sexes et d'enfants se pressaient devant la porte d'un rancho entouré d'arbres. Lorsque la belle Dolores apparut, suivie de ses invités, la foule s'ouvrit pour leur livrer passage, et ceux-ci furent priés de prendre place au devant d'une espèce d'autel resplendissant de lumière, orné de fleurs, de miroirs et d'images, qu'on avait dressé au milieu de la salle. Sur un lit de fleurs était couché le cadavre d'un jeune enfant de six ans qu'on avait revêtu d'une tunique blanche. Sa tête portait une couronne de fleurs, et ses deux petites mains, croisées sur sa poitrine, étaient réunies à l'aide d'un rosaire et reposaient sur un crucifix. Au pied de l'autel, des enfants faisaient brûler de temps à autre des écorces de bois odorants et une espèce d'encens (*copal*). Des vieilles femmes, la tête à moitié cachée dans leur rebozo, récitaient des prières, et des jeunes gens tiraient par intervalles des fusées volantes.

Bientôt les prières cessèrent. Deux hommes, munis chacun d'une guitare, vinrent s'asseoir en face de Henri, et commencèrent à chanter des couplets espagnols, probablement fort étrangers à la circonstance. La belle Dolores entra à son tour, suivie d'une de ses compagnes, qui portait un plat chargé de verres, et les ayant remplis d'une espèce d'eau-de-vie, en offrit aux assistants, en commençant par Henri. — A l'âme du petit mort! lui dit-elle en le regardant attentivement ; buvez, caballero, cela vous portera bonheur... Henri ne se fit pas prier, prit le verre des mains de la jeune fille et en vida le contenu. Ce fut le signal de hourras prolongés, accompagnés d'une musique bruyante, mais originale. Les pétards éclatèrent de nouveau, et la danse commença. La jeune fille fit plusieurs tournées ; puis, revenant à Henri : — Caballero, lui dit-elle, je vais boire maintenant à votre santé. Elle remplit son verre et le vida d'un trait. En pareille circonstance il est d'usage de répondre à cette politesse par une politesse semblable, et Henri fut obligé de boire encore une fois. Cette cérémonie paraissait devoir se prolonger indéfiniment. Dominguez, craignant que ses hôtes n'éprouvassent le désir de se retirer, en fit la proposition au Colombien et au jeune Français. Cependant, Henri se sentit, comme malgré lui, cloué sur sa chaise. La jeune fille lui fit un signe pour l'engager à ne pas s'en aller ; puis, lui posant sur les genoux le plat chargé de verres qu'elle tenait à la main, elle demanda aux musiciens de lui jouer une sorte de *boléro*, et se mit à danser avec une grâce si naturelle et en même temps si décente que tous les assistants battirent des mains et crièrent à l'unisson : *Viva la Lolita ! viva la Reina del Monte !* (*vive la Dolores ! vive la Reine des Bois !*). — Cette jeune fille est ravissante, dit Henri à Dominguez ; je ne puis me lasser de l'admirer... Ah ! çà, poursuivit-il, vous qui vivez dans ce pueblo, faites-moi donc le plaisir de me dire quelle est cette jeune femme, et que signifie cette singulière fête à propos d'un enfant mort? — Je vais satisfaire votre curiosité, répondit Dominguez, enchanté d'avoir procuré à son hôte un spectacle qui paraissait le charmer : cette jeune fille n'est pas d'ici ; il y a deux ans qu'elle est venue avec sa mère et ses deux sœurs habiter Jalpatagua. Le père, après avoir suivi Carrera dans ses expéditions, recommence pour son compte la guerre des montagnes. Ce n'est pas un homme ordinaire, et je ne voudrais pas parier qu'il ne devînt quelque jour aussi célèbre que son ancien chef... — Et comment l'appelez-vous? demanda vivement Henri. — *Léon Raymundo.* — Léon Raymundo ! je le connais ; il y a un mois je l'ai rencontré au Puente. — Vous l'avez rencontré, dites-vous? — Et cette rencontre... n'a rien eu de fâcheux pour moi; bien au contraire, nous avons passé deux heures ensemble : il a pris une tasse de café avec moi, et nous lui avons servi de secrétaires, mon compagnon de voyage et moi. — Que pensez-vous de ce gaillard-là ? — Je pense, reprit Henri, qu'il faudrait à Morazan une dizaine d'officiers de sa trempe. Avec de l'éducation, Léon Raymundo serait un grand homme ! — Je suis de votre avis, répliqua Dominguez ; malheureusement on lui reproche beaucoup de cruautés ; je ne saurais vous dire si tout ce que l'on conte de lui est vrai ; dans tous les cas, son prédécesseur Carrera en a fait bien d'autres... Mais laissons là ce chapitre, car on pourrait nous entendre... Quant à la cérémonie à laquelle vous assistez, c'est un usage qui remonte, je crois, à l'époque la plus reculée, et qui a été conservé par les Indiens et modifié par la religion catholique. Lorsque des parents ont le malheur de perdre un jeune enfant, ils se consolent par l'idée que son âme innocente et pure va droit au ciel et intercédera pour eux. La mère croit devoir étouffer ses larmes et noyer son chagrin dans le bruit, les chants et la danse; elle invite toutes ses amies à veiller auprès du cadavre de son enfant, et la nuit se passe de la manière que vous voyez. Cet enfant est celui de l'alcalde, et la jeune Dolores a été chargée par la mère de faire les honneurs du velorio. Vous voyez qu'elle s'en acquitte consciencieusement...

Les chants, la danse et les libations continuaient. La Dolores revint encore auprès d'Henri l'inviter à boire. Celui-ci profita de cette occasion pour la complimenter sur sa grâce et son amabilité, et pour lui parler de son père. La jeune fille, étonnée de voir cet étranger si bien au fait des exploits de son père, ne put comprimer quelques larmes... — Auriez-vous à vous plaindre de Raymundo? demanda-t-elle avec inquiétude au jeune homme. — Oh! non, Dolores, et, pour vous le prouver, je vous dirai que je ne perds pas l'espoir de le revoir. Peut-être quelques jours aurai-je besoin de lui, et si je puis rendre quelque service à sa charmante fille, Dolores, vous pouvez disposer de moi. — Merci, caballero, merci mille fois! A peine vous ai-je vu, que j'ai éprouvé je ne sais quelle étrange émotion, reprit-elle ; il me semblait que je ne vous voyais pas pour la première fois; je voulais vous parler, mais je ne savais que vous dire, et d'ailleurs je n'aurais pas osé; enfin, j'aurais éprouvé beaucoup de chagrin si vous n'étiez pas venu. Cependant, nous ne nous étions jamais vus... Le bon Dieu, ajouta-t-elle naïvement, le bon Dieu a voulu qu'il en fût ainsi. — Dolores, reprit Henri, je devais partir demain pour le Salvador, je n'en ferai rien; je veux vous voir encore, vous parler : où vous trouverai-je? — Demain, venez à midi au bout de cette vallée qui se trouve derrière cette maison, vous trouverez une petite case, vous y entrerez; c'est là que je demeure avec ma mère.

Cette conversation entre la Dolores et le jeune étranger, n'attira l'attention de personne; chacun, dans le pueblo, respectait la famille de Raymundo, et les jeunes gens n'osaient adresser de doux propos à la Dolores, non-seulement à cause du père qu'ils craignaient, mais encore parce que la jeune fille leur imposait par son regard altier et par une conduite irréprochable. La Dolores était aimée de tous les habitants à cause de sa bonté et de son caractère serviable ; on savait que, grâce à ses soins, sa mère avait pu recouvrer la santé après une longue et dangereuse maladie (nous avons vu que Raymundo croyait que sa femme n'existait plus) et qu'à l'aide de son travail elle soutenait sa famille. Du reste tel est le respect qu'inspire un étranger dès qu'il veut bien honorer de sa présence une réunion quelconque et prendre part à une fête chez des pauvres gens, qu'Henri aurait pu converser toute la nuit avec la belle Dolores sans que personne y eût trouvé à redire. — Aussi, lorsque la jeune fille vint reprendre sa place au milieu de ses compagnes, un des assistants à la figure bronzée, qui jusque-là était resté assis sur le sol, fumant des cigarettes, se leva et dit à la Dolores : Belle enfant, pourquoi ne restes-tu pas auprès de ce caballero? s'il éprouve du plaisir à causer avec toi, il ne faut pas l'en priver, c'est un ami ; puis s'approchant de Henri et quittant son chapeau : Caballero, nous sommes heureux que vous ayez bien voulu vous déranger pour venir honorer de votre présence cette petite fête de famille, ce jeune enfant que nous veillons est mon neveu que le bon Dieu vient d'appeler auprès de lui. Il est plus heureux que nous. Mon frère, l'alcalde, m'a chargé de vous remercier en son nom ainsi que ces messieurs, parce qu'il n'a pas le courage de venir au milieu de nous. Il faut lui pardonner, il aimait tant ce petit enfant qu'il ne peut maîtriser son chagrin. — Henri dut recevoir les félicitations d'une dizaine d'individus qui succédèrent au frère de l'alcalde, et boire encore plusieurs verres de liqueurs qu'il était impossible de refuser; mais Dominguez et le Colombien craignant que leur compagnon ne finît par se lasser, se levèrent en même temps, et après s'être excusés de leur mieux, se retirèrent en entraînant leur hôte, qui eut beaucoup de peine à se frayer un passage au milieu des assistants. C'était à qui aurait l'honneur de lui serrer la main. Au moment de sortir de la maison de l'enfant mort, Dolores fit un signe intelligent à Henri, et nos trois personnages accompagnés par plusieurs jeunes gens rentrèrent chez eux. Eh bien! mon colonel, dit le Colombien à Henri, vous ne vous attendiez pas à assister à pareil spectacle? Ma foi non, lui répondit ce dernier; aussi je ne le regrette pas.

Je crois que si la belle Dolores ne s'était pas trouvée là, ajouta sournoisement le Colombien, mon colonel n'eût pas été aussi patient. — C'est bien possible, et je ne le nie pas, c'est une belle créature!

Il était deux heures du matin lorsque Dominguez et ses deux hôtes se séparèrent pour se reposer. — Je ne crois pas que vous partiez de bonne heure, leur dit-il;

ainsi nous aurons encore le temps de causer. — Je suis trop fatigué, se hâta de dire Henri, pour me mettre en route demain, et mon cheval a besoin de repos; si vous ne le trouvez pas mauvais, mon cher hôte, nous remettrons le voyage à après-demain. — Comme il vous plaira, colonel, vous savez que ma maison est la vôtre et que pour ma part je voudrais vous y retenir le plus longtemps possible. Quant au senor Burbano, c'est ainsi que s'appelait le Colombien, je pense, ajouta Henri, que cela ne le contrarie pas. — Pas le moins du monde, colonel, je suis à vos ordres.

Henri se leva à sept heures du matin. Il comprit en se réveillant qu'il avait sagement fait en remettant son voyage au lendemain, car il se sentait horriblement fatigué. Le son de la cloche de l'église et le bruit des pétards lui rappela le velorio et son rendez-vous. On portait en terre le cadavre du jeune enfant. Quelques instants avant midi, Henri sortit accompagné de son domestique José et se dirigea vers la case de la Dolores. Quand il n'en fut qu'à quelques pas, il donna l'ordre à celui-ci de retourner à la maison et de dire à son hôte, dans le cas où il demanderait après lui, qu'il était allé se baigner; et dans le fait, ajouta-t-il, va me chercher mon linge et viens me reprendre ici, un bain me fera beaucoup de bien. — José s'éloigna et Henri pénétra dans la case où il trouva la Dolores assise sur un escabeau, occupée d'habiller une petite fille. — Buenos dias, caballero, asseyez-vous dans ce hamac, ma mère est allée au cimetière avec mes deux autres sœurs, et je garde la maison pendant son absence. Je craignais que vous ne vinssiez pas. — Vous avez tort, répondit Henri, car j'ai remis mon départ à cause de ce rendez-vous. — Serait-il bien vrai? reprit Dolores en fixant le jeune homme avec un air de doute. — Croyez-moi, Dolores, c'est l'exacte vérité. — Maintenant puisque nous sommes seuls, je veux vous faire une proposition. Je sais que d'un moment à l'autre le général Carrera peut vous faire prendre ; s'il ne l'a pas fait jusqu'à présent, c'est parce qu'il ignore votre retraite et que vous vivez dans un pueblo où vous comptez des amis ; mais croyez-moi, Dolores, fuyez le pays et retirez-vous dans l'Etat voisin. Vous courez vous-même de grands dangers, on peut vous arracher violemment à votre famille. Votre beauté vous y expose à tout moment et vous savez mieux que moi que ce ne serait pas la première fois que de semblables choses sont arrivées dans ce pays. Dolores rougit, cacha un moment sa tête entre ses mains, puis s'écria : Hélas! caballero, nous voudrions bien fuir, mais où aller? ici l'on nous connaît, je me procure facilement de l'ouvrage, et nous pouvons, tant bien que mal, nous suffire. Nous ne sommes pas en mesure d'entreprendre le voyage que vous me conseillez. Henri comprit que la jeune fille n'osait lui dire que le manque d'argent était le véritable obstacle qui l'empêchait d'adopter son conseil. Je veux vous donner une preuve de l'intérêt que je vous porte, Dolores, je veux vous retrouver dans un lieu où vous soyez en sûreté, et je veux vous rendre un service dont votre père me sera quelque jour reconnaissant. Demain vous abandonnerez ce pueblo et vous irez vous fixer à Santa-Anna. Prévenez votre mère dès qu'elle sera revenue, préparez-vous; dans une heure au plus tard, mon domestique vous portera ce qui vous manque pour vous mettre en route.

Dolores comprit Henri. Des larmes s'échappèrent de ses beaux yeux. Puis, saisissant les mains du jeune homme qui s'éloignait déjà : — Je ferai ce que vous me dites, don Enrique ; mais je ne le ferai que parce que c'est *vous* qui me le conseillez. Elle prononça ces derniers mots avec une expression telle que le jeune homme en fut profondément ému. Il pressa doucement la main de Dolores dans la sienne et lui dit en s'éloignant : — A bientôt, courage et bon espoir ! Henri alla se baigner dans la rivière qui coulait à peu de distance du pueblo, ainsi qu'il en avait fait le projet, et revint à la maison de Dominguez en prenant un autre chemin. Dès qu'il fut arrivé, il enveloppa dans un mouchoir de soie une petite somme d'argent qui devait suffire à Dolores et à sa famille pour faire le voyage de Jalpatagua à Santa-Anna et s'y installer. José fut chargé d'aller remettre ce cadeau en son nom à la fille de Raymundo.

— Décidément, se dit en lui-même José, mon maître en tient pour la Dolores. C'est égal, à sa place, la fille d'un brigand me ferait peur. Il n'y a que des Français pour avoir de ces idées-là.

La femme de Raymundo avait appris de sa fille aînée la visite de Henri et les conseils qu'il lui avait donnés. « Cela ne pouvait arriver plus à propos, chère enfant, dit en soupirant la pauvre mère, le frère de l'alcalde m'a fait prévenir ce matin que notre présence à Jalpatagua était compromettante, qu'il nous faut absolument partir, et qu'un détachement doit arriver d'un moment à l'autre. Ainsi, Dolores, c'est la Providence qui nous a envoyé ce bon jeune homme. »

On peut juger de la joie de cette malheureuse famille lorsqu'elle se vit à la tête de quelques piastres. Dolores voulait rendre le mouchoir au domestique; mais celui-ci ne voulut pas le prendre, assurant que son maître la priait de l'accepter en souvenir de lui. — Dans quelques jours, ajouta José, nous nous reverrons à Santa-Anna. La jeune fille serra précieusement le cadeau de Henri dans un petit coffre et s'occupa des préparatifs de voyage.

La famille de Raymundo se composait de la mère et de quatre enfants, dont la belle Dolores était l'aînée. Elle ne voulut confier à aucun voisin le secret de son départ. Afin de ne pas éveiller l'attention, Dolores alla trouver des Indiens qui dormaient à l'ombre d'un gros arbre, près de sa demeure, et qui devaient partir au petit jour pour l'Etat du Salvador. Elle leur proposa de transporter ses modestes bagages jusqu'à Santa-Anna. Les

Indiens, qui revenaient à vide de Guatemala où ils avaient été vendre leurs denrées, acceptèrent avec plaisir.

Le lendemain, à quatre heures du matin, Dolores et sa famille quittaient silencieusement Jalpatagua. Henri et le Colombien partaient également presque en même temps. A environ deux lieues du pueblo, Henri reconnut la famille de Raymundo suivant à pied des Indiens chargés de leurs effets. A la vue de Dolores, chaussée de sandales et portant sa petite sœur sur son dos, le jeune homme sentit son cœur se serrer. Il fit avancer son cheval et, s'approchant de Dolores qui s'arrêta tout à coup en l'apercevant : — Ma belle enfant, pourquoi allez-vous à pied ?... Dolores lui répondit : — Don Enrique, ne vous tourmentez pas pour si peu, je suis habituée à la fatigue ; ce n'est pas la première fois que je me mets en route de cette manière. Nous n'avons pas voulu louer de mules de peur d'éveiller les soupçons. — Combien y a-t-il d'ici au premier pueblo ? lui demanda Henri. — Il n'y a plus sur notre chemin d'ici au Rio-Paz qu'un petit hameau appelé *Quevedo* et deux haciendas, celle du *Coco*, où nous arriverons bientôt, et à une lieue plus loin, tout près de la rivière, celle du *Platanar*. — Croyez-vous que nous trouverons des mules dans cet endroit ? — Je l'ignore ; mais, je vous le répète, si c'est pour nous, c'est inutile, ma mère préfère voyager à pied. — Non, non, fit Henri, je ne souffrirai pas que vous continuiez le voyage de cette manière. Puis, avisant un Indien qui ne portait rien il l'appela près de lui, lui glissa quelques pièces de monnaie dans la main et lui dit de se charger de la petite fille. L'Indien prit l'enfant endormi dans ses bras, fit en un instant une espèce de fauteuil avec des branches d'arbres et des feuilles, y plaça l'enfant et, à l'aide d'un cuir passé sur son front, il suspendit ce léger fardeau sur ses vigoureuses épaules. Henri donna à chaque Indien une goutte d'eau-de-vie, et, comme le chemin rempli de pierres et étroit descendait rapidement, il accompagna au pas cette petite caravane. Presque aussitôt le Colombien prit devant lui une des sœurs de la Dolores, José se chargea de l'autre et donna à son maître le charitable conseil de faire également monter sur le devant de sa selle la charmante femme à qui il s'intéressait tant. Henri avait eu cette idée bien avant son fidèle José, mais il n'avait osé en faire part à la Dolores. Enfin il se décida, et, profitant d'un passage étroit entre des pierres élevées, il engagea la Dolores à sauter sur sa selle où il plaça son sarape à la mode des gens du pays. La jeune fille consulta du regard sa mère, touchée et étonnée tout à la fois de tant de prévenances à l'égard de sa famille. Celle-ci remercia Henri au nom de son enfant qui, légère comme une gazelle, sauta dans les bras de son protecteur.

Dans ce moment, Henri put entendre les violents battements de cœur de Dolores qui ne pouvait maîtriser son émotion. Le soleil commençait à éclairer la cime des montagnes voisines, les oiseaux sortant de leurs retraites, faisaient retentir les bois de leur chant matinal. La cavalcade, suivie des Indiens, cheminait lentement. Henri, passant en revue tous les événements qui s'étaient succédé en si peu de temps depuis son départ de France, pensait à sa vieille mère et à ses amis d'enfance... Où allait-il ? quel sort l'attendait ? Telles étaient les questions qu'il se posait à lui-même. Mais il chassa bientôt ces pensées de son esprit. La rencontre inattendue et vraiment romanesque de la fille d'un bandit, si belle, si gracieuse, avait pour lui quelque chose de providentiel. Seul dans ce pays sauvage, il avait besoin d'épancher son cœur dans celui d'un ami, et il lui semblait que Dolores pourrait lui en tenir lieu. Il éprouvait déjà pour elle une sympathie qui tenait le milieu entre la tendresse d'un frère et l'amour le plus pur. Chose que l'on ne comprend pas parce qu'on ne veut pas comprendre, Henri n'avait encore adressé à la jeune Américaine aucune parole passionnée... Cependant il la tenait pressée sur sa poitrine ; à tout moment ses beaux cheveux caressaient son visage ; il pouvait compter les pulsations de son cœur. Dolores, par son maintien, lui inspirait en même temps une sorte de respect ; avant de lui déclarer son amour, il voulait être plus sûr de lui-même. La rare beauté de Dolores eût excusé, aux yeux du monde, la conduite de Henri ; mais il n'y avait plus de *monde* pour lui. La vie sauvage, en dehors des préjugés de notre société, était désormais celle qu'il voulait adopter ; il allait affronter des dangers, exposer ses jours; si Dolores y consentait elle deviendrait sa compagne et ne l'abandonnerait plus.

De son côté, la jeune Américaine sentait croître dans son cœur l'amour que Henri lui avait inspiré à la première vue, mais elle craignait de n'inspirer à ce généreux étranger qu'une passion momentanée ou une sympathie passagère. C'était la première fois qu'elle se sentait aimer autrement qu'on aime son père, sa mère ou une amie. Malgré l'existence malheureuse qu'elle avait passée depuis quelques années au milieu de sa famille sans cesse menacée et errant de pueblo en pueblo, Dolores avait été sourde à toutes les paroles d'amour; elle s'était habituée à s'entendre trouver jolie, et les compliments qu'on lui faisait partout où elle se présentait n'étaient pour elle que des formules banales dont elle ne faisait pas le moindre cas. Il n'en avait pas été de même des quelques mots que lui avait adressés Henri dans la case du velorio, et, depuis ce moment, elle était devenue rêveuse; son cœur venait de donner accès à cette fatale passion qui ne connaît ni caste ni condition et devant laquelle, quoi qu'ils fassent, tous les hommes sont égaux.

Nous avons vu Henri dans les salons de l'élégante société havanaise admirer quelque temps la grâce d'une créole de haute condition; nous l'avons vu sur le point de devenir amoureux, puis renoncer à cet amour comme à une chose impossible, puis enfin l'oublier comme un rêve. A cette époque, il ne croyait pas pouvoir disposer de son avenir. Il ne se trouvait à la Havane que fortuitement, et son devoir l'appelait à Guatemala. Abandonner sans motifs sérieux une position que des protecteurs avaient longuement sollicitée pour lui ; accepter des offres qui lui semblaient trop extraordinaires pour être sincères, bien que la personne qui les lui faisait fût aussi honorable que riche et généreuse, lui aurait paru une désertion que son honneur repoussait. C'est ainsi que bien souvent la fortune, se jouant des mortels, leur présente des occasions qu'ils laissent échapper..... Nous entendons parfois des gens malheureux nous dire qu'ils ont été sur le point de faire fortune : « *Si j'avais su, si j'avais pu prévoir, si j'avais osé*... » sont des expressions qu'ils répètent à tout instant, et qui manquent rarement d'être exactes.

L'état de la route ne permettait pas à nos voyageurs d'aller autrement qu'au pas. Henri suivait José qui ouvrait la marche. — Êtes-vous contente ? dit-il à Dolores, en rompant le silence qu'il gardait depuis un quart d'heure. — Oh ! oui, don Enrique, c'est la Providence qui vous a envoyé auprès de nous. Ma mère a été avertie hier que nous ne pourrions rester plus longtemps sans danger dans le pueblo ; on a découvert notre retraite, et nous n'aurions peut-être pas eu le temps de fuir. Et vous, Monsieur, puis-je vous demander où vous allez, et si nous serons longtemps privés de vous voir ? — Je vais à San-Salvador, ma belle enfant, et j'ignore encore le temps que j'y séjournerai. Dans tous les cas, je ne vous abandonnerai pas. Une fois établie à Santa-Anna, votre famille sera en sûreté, et nous nous verrons souvent... si cela vous est agréable toutefois. — N'êtes-vous pas notre sauveur? répondit naïvement la jeune fille; pourrions-nous jamais oublier ce que vous faites pour nous quand tout le monde nous abandonne, quand on nous traque comme des bêtes fauves?... Nous serons toujours heureuses de vous voir, et ma seule crainte en ce moment est de ne pas vous voir aussi souvent que je le désirerais... Vous allez exposer vos jours, d'après ce que j'ai pu comprendre, ajouta-t-elle avec émotion, car on vous appelle colonel, et celui qui vous accompagne est un officier de Morazan... Allez, croyez-moi, don Henrique, renoncez à vos projets, et, dussé-je ne plus vous revoir, retournez dans votre belle patrie, retournez auprès de ceux qui vous aiment et qui doivent pleurer votre absence. En disant ces mots, Dolores avait les yeux remplis de larmes... — Pourquoi me parlez-vous ainsi, mon enfant? reprit vivement Henri... — Et pourquoi? pourquoi? parce que je connais mon pays, don Enrique. Dès que vous aurez pris les armes, il faudra combattre pour un parti qui vous fera de grandes promesses, promesses qui ne se réaliseront jamais parce que vous êtes étranger, tandis que vous serez en butte aux persécutions du parti contraire. — Je ne puis reculer, répliqua Henri, ma parole est donnée, le sort décidera. La fille de Raymundo parlait d'après ce qu'elle avait entendu dire ; elle se rappelait le sort de *Pierson*, brave officier anglais au service de la fédération, traîtreusement fusillé à Guatemala par le parti servile, ainsi que la fin non moins terrible de plusieurs étrangers qui avaient combattu pour la cause de Morazan. Elle craignait que ce jeune homme, auquel elle n'osait avouer son amour naissant, n'augmentât tôt ou tard le nombre des victimes de la révolution.

Il était environ sept heures quand la petite caravane s'arrêta à l'hacienda du *Coco*, située à quelques pas du chemin. Henri entra le premier dans la cour de la ferme, descendit de cheval, et, prenant dans ses bras Dolores, il la déposa légèrement à terre. Une vieille femme, à la vue des voyageurs, sortit de la maison, et demanda si on avait besoin de quelque chose. Henri pria qu'on préparât à déjeuner pour toute sa suite, et demanda si l'on pouvait lui procurer quelques mules. Aussitôt la vieille femme appela son fils, grand garçon d'une vingtaine d'années, qui était en train de dépecer un chevreuil. — Bruno, lui dit la vieille, l'Espagnol demande si tu peux lui louer des mules. — Si le caballero veut bien attendre une heure, nous pourrons lui en procurer quatre ; mais à la condition que ce ne sera pas pour un long voyage, car nous en aurons besoin dans quelques jours. — Je ne les veux que pour Santa-Anna, cela se peut-il? — Fort bien, senor, nous allons vous les chercher. Et le jeune gars monta prestement sur un vigoureux cheval, et chargea un moso (domestique) de continuer sa besogne. Une heure après, les mulets qu'on avait été chercher dans la savane étaient sellés et n'attendaient plus que le départ de nos voyageurs. La Dolores monta sur le plus beau mulet, sa mère et ses deux sœurs furent placées chacune sur une autre monture, et le moso, qui devait ramener les animaux à l'hacienda, se chargea de l'enfant.

La famille de Raymundo ne savait comment exprimer sa reconnaissance et croyait rêver. L'officier colombien n'était pas moins étonné. — Mon colonel, dit-il à Henri dès qu'ils se furent remis en route, vous me permettrez de vous dire que si Dominguez eût pu prévoir toutes les conséquences du velorio, il ne vous aurait pas engagé à y assister, Caramba ! Vous vous donnez là un mal que je ne m'explique guère. Il m'est arrivé comme à vous de m'amouracher, mais je ne me suis jamais chargé de la famille. Si tous les enlèvements étaient aussi compliqués, il y en aurait diablement moins. — Monsieur, répondit sévèrement le nouveau partisan du général Morazan, n'oubliez pas notre devise : *Dios, union y libertad.* Il ne s'agit pas ici d'enlèvement, car vous ignorez que je sers notre cause en agissant ainsi. Cette malheureuse famille a droit à toutes nos sympathies. Le père est un chef de factieux qui donnera du fil à retordre à Carrera, et sur lequel nous pouvons compter. Grâce à moi, ces pauvres gens pourront désormais vivre tranquilles en attendant des jours meilleurs. Si je ne m'étais pas arrêté à Jalpatagua, et si le hasard ne m'avait fait rencontrer la fille de Raymundo, peut-être, à l'heure qu'il est, serait-elle entre les mains des soldats de Carrera. Vous voyez donc, senor Burbano, que ma conduite qui vous paraît si étrange est bien naturelle, et j'aime à croire qu'à ma place vous en eussiez fait autant. Le Colombien, surpris de cette révélation, s'empressa de s'excuser comme un homme qui craint d'avoir commis une indiscrétion. — Pardonnez-moi, mon colonel, si j'ai légèrement émis une opinion, j'ignorais ces détails, et je reconnais que vous agissez comme un galant homme et un vrai libéral. Cette belle action ne peut manquer de vous porter bonheur.

L'hacienda du Coco se trouve à une lieue du Rio-Paz. On traverse une plaine semée de calebassiers et de mimosas, puis l'on descend une rampe assez rapide, au bas de laquelle serpente une belle rivière assez profonde pendant la saison des pluies, mais qui était guéable à cette époque. La cavalcade la passa sans difficulté. Lorsque les voyageurs se trouvèrent de l'autre côté de la rivière, le Colombien s'écria : « Nous sommes maintenant en sûreté, nous foulons le sol de l'État du Salvador, la terre classique de la liberté Centre-Américaine. — Dieu soit loué ! fit la femme de Raymundo en se signant.

Quelques heures plus tard, un détachement de cinquante hommes envoyés à la poursuite du Colombien, de Henri et de la famille de Raymundo, s'arrêtait à l'hacienda du Coco et apprenait qu'il était trop tard.

Des espions de Carrera avaient découvert la retraite de la famille du chef des factieux, et en même temps la présence à Jalpatagua d'un officier de Morazan, chargé d'une mission secrète. Ils avaient également appris qu'un étranger arrivant de Guatemala s'était joint à l'officier colombien. Le commandant du département avait immédiatement envoyé un détachement à Jalpatagua, dans l'espoir de s'emparer de ces personnages suspects et de les conduire à Carrera. Les soldats avaient marché toute la nuit. Deux heures après le départ de Henri et de son compagnon, Dominguez voyait sa maison cernée, un officier se présentait un ordre à la main, exigeant qu'on lui livrât le Colombien et l'étranger arrivé la veille. Dominguez feignit d'ignorer la condition de ses hôtes, et envoya très-poliment le militaire faire ses recherches ailleurs. La famille de Raymundo fut l'objet de perquisitions semblables et tout aussi infructueuses. Enfin le commandant du détachement, espérant rattraper les fugitifs avant leur arrivée à la frontière, se mit à leur poursuite en prenant des sentiers qui devaient raccourcir la distance ; mais il arriva encore trop tard. Dominguez dépêcha un courrier de sa confiance, qui devait remettre à Henri, dès qu'il le rencontrerait, un mot dans lequel il lui racontait les faits qui venaient de se passer. Ce courrier arriva vers les huit heures du soir à l'*aldea du Rio-Frio* (hameau de la rivière froide), où Henri et ses compagnons s'étaient arrêtés.

CHAPITRE XII.

État du Salvador. — Malespin. — Siége de Léon. Dénoûment.

Le Rio-Paz, au point où nos émigrants venaient de le traverser, est encaissé entre deux montagnes élevées. Du côté de l'État du Salvador, la pente est un peu moins rapide; on arrive bientôt sur un vaste plateau qui s'étend jusqu'au pied d'une dernière chaîne de montagnes d'où s'élèvent les nombreux volcans de l'Amérique centrale, tous situés à peu de distance du Pacifique.

A peine le voyageur a-t-il franchi la rivière qui sépare la République de Guatemala de l'État du Salvador, qu'il est frappé de la différence que présentent ces deux contrées. Le territoire de l'État du Salvador, le moins étendu des cinq États, est le plus peuplé et en même temps le mieux cultivé de tous. Ses habitants sont laborieux et presque tous agriculteurs. Les pueblos, très-rapprochés les uns des autres, sont en général bien situés. On y remarque une activité, un ordre et une propreté qui manquent à la plupart de ceux de Guatemala. On rencontre souvent des attelages de bœufs, des chariots et des travailleurs. Des champs cultivés et fermés par des enclos bien entretenus bordent la route. On entend avec plaisir le bruit de nombreux moulins à cannes, et la vue se repose agréablement sur d'immenses plaines verdoyantes où l'indigo, le tabac et le maïs développent leur riche végétation. Le peuple salvadorien est celui qui a le plus profité de l'indépendance, et sans les guerres civiles auxquelles il a toujours pris jusqu'ici la part la plus active, il serait dans un état très-prospère. C'est une des parties de l'Amérique espagnole les plus favorisées par la nature. Son sol renferme des mines d'argent, dont quelques-unes sont exploitées dans le département de San-Miguel ; du fer d'une excellente qualité qui se travaille très-habilement dans le pays, et dont une partie s'exporte dans les autres États. L'indigo, connu dans le commerce sous le nom d'indigo de Guatemala, se cultive exclusivement sur son territoire. Sur la côte du Pacifique, entre les départements de Sonsonate et de San-Salvador, les Indiens récoltent le baume appelé improprement *baume du Pérou* [1]. Le sucre est

[1] Les Espagnols ont toujours eu le soin de laisser ignorer le lieu de provenance de leurs produits coloniaux. Le baume du Pérou (*balsamo negro*) ne se récolte que dans l'Etat du Salva-

une des branches les plus importantes de son commerce ; le tabac y est d'une excellente qualité, et depuis quelque temps la culture du café prend une extension considérable. Malheureusement, à côté de ces éléments de prospérité, l'État du Salvador a rarement pu jouir jusqu'ici des bienfaits de la paix. Le parti libéral, composé d'hommes de couleur dont la vanité égale l'ignorance, jaloux de la prépondérance de Guatemala, a entraîné son pays dans des guerres cruelles et désastreuses. Sauf de rares exceptions, le gouvernement s'est toujours trouvé entre des mains incapables. Les présidents y sont élus pour deux ans, et les Chambres, composées presque exclusivement de tristes avocats, passent leur temps à faire et défaire des lois inutiles. L'État du Salvador est le refuge de toutes les mauvaises têtes du Centre-Amérique. Les démocrates exaltés et immoraux du Ni-

dor. Ce produit arrivait en Europe par navires doublant le cap Horn, et qui partaient du Callao (port de Lima), où des petits caboteurs l'apportaient du Centre-Amérique avec d'autres produits. On appelle dans le commerce indigo de Guatemala un produit qui ne s'élabore que dans l'Etat du Salvador, de même que l'on donne dans le commerce le nom de cochenille de Honduras à la cochenille exclusivement cultivée dans la République de Guatemala. On ne cultive pas la cochenille dans l'Etat de Honduras, mais on l'exporte par des navires qui partent de Bélize, située sur le golfe de Honduras, et que pour ce seul fait, quoique appartenant au territoire de Guatemala, les Anglais appellent *British Honduras*. Tout semble donc concourir pour faire du Centre-Amérique un des pays les plus mal connus du globe.

caragua ont su y acquérir une certaine influence. C'est du Salvador qu'est sortie, en 1853, cette horde de factieux qui a bouleversé ce dernier État et amené l'invasion de Walker et d'une poignée de flibustiers que cinq armées, trop tard réunies, sont enfin parvenues à chasser. C'est à la politique imprudente d'un président aussi fourbe que vaniteux et incapable, à José Maria San-Martin, que le Centre-Amérique doit tous les maux qu'il a souffert dans ces derniers temps. Les tremblements de terre ont également affligé cette belle contrée. En 1854 (le 16 avril, jour de Pâques), la jolie ville de San-Salvador, dont nous dirons quelques mots plus loin, a été détruite de fond en comble par un terrible tremblement de terre, unique dans les annales du pays. L'ancienne capitale de la fédération, qui avait résisté à plusieurs siéges et aux horreurs de la révolution, n'est plus aujourd'hui qu'un amas de ruines.

Henri éprouva une grande joie à la vue du beau pays qui se présenta à lui, après avoir passé le *Rio-Paz*. « Voyez, lui disait avec emphase le Colombien en lui montrant la vallée de Santa-Anna couverte de champs cultivés, voyez la différence énorme qu'il y a entre ces deux pays si rapprochés l'un de l'autre : c'est qu'ici le peuple est libre et gouverné par des lois bienfaisantes, tandis que de l'autre côté le peuple souffre le joug d'un métis barbare et despote, aidé par les nobles et les prêtres, et l'Indien croupit dans la misère et l'ignorance. » Absurdes arguments, que nous avons retrouvés dans l'ouvrage d'un Américain qui parlait d'un pays dont il ne connaissait pas l'histoire. Sans doute les institutions de l'État du Salvador ont leur bon côté, mais on aurait tort de leur attribuer ce qui en définitive est la conséquence naturelle de la situation géographique du pays, de la nature de son sol, beaucoup moins accidenté, plus fertile et plus peuplé que celui de Guatemala. Avant l'indépendance, le Salvador cultivait beaucoup plus d'indigo qu'aujourd'hui, et le tabac qu'on y récoltait était l'objet d'un commerce important. Les Indiens y sont en plus petit nombre, et il a été beaucoup plus facile de leur faire adopter les lois et les coutumes de la majorité. Dans la République de Guatemala, au contraire, les Indiens forment plus des trois quarts de la population, le terrain est excessivement accidenté, et les communications sont très-difficiles. Ce pays ne peut être gouverné de la même manière, et nous pensons sincèrement que les institutions démocratiques ne pourront lui convenir avant un grand nombre d'années. Sans doute le parti servile a également commis des erreurs et a ralenti la civilisation ; mais il faudrait entrer dans trop de détails pour prouver qu'il n'a pas été en son pouvoir de mieux faire, et que la plupart de ses actes ont une excuse. Un jeune homme comme Henri, dans des circonstances semblables, pouvait en effet se laisser séduire par l'observation du Colombien, et il n'eut pas de peine à croire que l'état prospère de l'agriculture pouvait bien être, dans l'État du Salvador, une conséquence de son régime politique. Si Henri eût visité les magnifiques montagnes des altos, dans la partie froide et élevée de la Cordilière guatémalienne, il eût pu également admirer les cultures des Indiens, leurs beaux champs de blés et leurs troupeaux. L'auteur américain auquel nous faisions allusion tout à l'heure ne les a sans doute pas vus.

L'Aldea du Rio-Frio est un hameau composé de trois à quatre cents ranchos couverts de paille, disséminés dans une belle plaine, à huit lieues de la ville de Santa-Anna. Le nom de hameau de la Rivière-Froide lui a été donné par antiphrase, à cause d'une petite rivière d'eau chaude qui passe à une centaine de mètres des habitations et traverse le Camino real. Cette rivière prend sa source au pied d'une montagne qui fait partie du système volcanique sur le versant occidental de laquelle s'élève l'*Isalco*, volcan de Sonsonate en éruption permanente et qui, la nuit, sert de phare aux navigateurs. Aux environs de cette source d'eau chaude on remarque sur un rayon de près de six lieues une multitude de petits volcans de boue ou salzes et des sources d'eau en continuelle ébullition, d'où s'échappent des nuages de vapeur. La terre brûlante et crevassée en plusieurs endroits donne issue à des vapeurs sulfureuses et se couvre d'abondantes efflorescences d'alun et de différents autres sels. Les gens du pays ont donné à ces lieux le nom d'*infiernillos* (petit enfer) ou Auzoles. Le bruit que font ces chaudières naturelles s'entend à plus d'une lieue de distance. Quelques-uns de ces volcans en miniature offrent la plus grande analogie avec les *suffionis* de la Toscane. Probablement dans quelques années l'industrie tirera parti de cet immense laboratoire de produits chimiques naturels. On aperçoit de fort loin les nuages de vapeur qui s'élèvent de ces parages et qui sont plus abondants le matin et au coucher du soleil. Les infiernillos se trouvent à une lieue de la villa de Aguachapam, dans le département de Sonsonate. De temps à autre on entend les retumbos du volcan d'*Isalco* caché par la cime des montagnes et qui ressemblent à des coups de tonnerre lointains.

Nous avons dit que le courrier dépêché par Dominguez trouva Henri à huit heures du soir dans le hameau de Rio-Frio. On peut juger de sa surprise et de sa joie lorsqu'il apprit le danger qu'il avait couru et par quelle circonstance heureuse la famille de Raymundo lui devait son salut. Le Colombien, qui n'avait plus rien à craindre, voulut célébrer la nouvelle à sa manière. Il fit acheter plusieurs bouteilles d'eau-de-vie de canne, qu'il convertit en un immense punch et passa une partie de la nuit à boire et à chanter. Les arrieros et les Indiens ne furent point oubliés; aussi ce ne fut point sans grand travail qu'on parvint à les faire lever le lendemain matin pour se mettre en route.

Henri était désormais compromis et il ne pouvait plus rentrer à Guatemala sans danger.

Le jour suivant, il entrait à Santa-Anna, ville trèspeuplée et aux environs de laquelle on compte plusieurs moulins à canne d'où sort la majeure partie du sucre qui se consomme à Guatemala. Cette ville n'offre d'ailleurs rien de remarquable. Aux environs, la campagne est fertile et très-bien cultivée. Henri trouva facilement, dans un faubourg de Santa-Anna un rancho disponible où Dolores et sa famille s'installèrent immédiatement. Deux jours après, par de touchants adieux, Henri prenait congé de la jeune fille qui, ne pouvant dissimuler son amour, se jetait à ses pieds, baignée de larmes, et le suppliait de ne pas l'abandonner : Don Enrique, lui disait-elle d'une voix entrecoupée de sanglots, vous nous avez sauvées de la misère et peut-être d'une mort hideuse ; mais ne vaudrait-il pas mieux pour moi ne vous avoir jamais connu. Je vous aime, hélas! et je sais que je ne suis pas digne de votre amour... Peut-être ne vous reverrai-je jamais! — Non, chère Dolores, répondit Henri en relevant la jeune fille, et en la pressant contre son cœur, ne pleure plus... moi aussi, je t'aime et tu me reverras bientôt. Puis lui remettant un anneau qu'il tenait de sa mère : « Dolores, garde ce souvenir qui me vient de ma mère chérie, c'est ce que je possède de plus précieux...! » Cette scène se passait à quelques pas de la case au pied d'un gros arbre ; Henri sentait son courage l'abandonner. Il fit un pénible effort pour se séparer de la belle Guatémalienne et partit au galop rejoindre le Colombien qui l'attendait avec José sur la route du Salvador...

Dolores resta quelque temps appuyée contre l'arbre, la tête cachée dans ses mains et les yeux baignés de pleurs. Sans doute sa douleur était grande, mais elle était tout à la fois heureuse et fière de l'amour du noble étranger. A partir de ce moment, cette simple jeune fille élevée dans les bois, mais d'une intelligence peu commune et douée d'une énergie extraordinaire, commença à rougir de son ignorance et prit la résolution d'apprendre ce que ses parents n'avaient eu ni la pensée ni le loisir de lui enseigner. Elle alla trouver une maîtresse d'école de Santa-Anna, et au bout d'un mois elle savait lire et écrire parfaitement et se chargeait elle-même de l'éducation de ses jeunes sœurs. Sa volonté avait triomphé de toutes les difficultés. Elle pouvait désormais correspondre avec son amant.

On compte vingt lieues de Santa-Anna à San-Salvador. Henri fit ce trajet en un jour et demi. Le 24 avril il entrait dans l'ancienne capitale de la fédération, située au pied d'un immense volcan éteint et entourée de villages qui en cultivent la vaste et fertile base. San-Salvador s'étend sur une petite plaine entourée de montagnes et de ravins. Le sol volcanique sur lequel elle se trouve construite est en partie formé de laves et de pierre ponce, et offre d'immenses fissures qui rendent l'accès de la ville des plus difficiles et lui servent de défense naturelle. Ses maisons très-basses et ses églises dont on aperçoit à peine le sommet, sont en partie cachées par des arbres toujours verts et couverts de fruits. Rien de plus pittoresque que cette ville avant le tremblement de terre de 1854. Elle comptait alors environ trente mille âmes. Pendant la saison sèche, une rosée abondante entretient la végétation et double la récolte. La fertilité du sol est extraordinaire. Elle se trouve à neuf lieues de l'océan Pacifique. Elle possède un évêché, plusieurs églises et deux anciens monastères (San-Francisco et Santo-Domingo) dont le dernier avait été converti en collége, et une université d'une architecture et d'une élégance remarquables, mais qui a été également détruite en 1854. Une partie des habitants de la capitale se livre à l'agriculture, une autre à la fabrication de *rebosos* (écharpes) dont quelques-uns sont remarquables par leur travail, la finesse de leur tissu et l'éclat de leurs couleurs. Ces rebosos sont l'objet d'un important commerce d'exportation. On y compte un grand nombre de forgerons (herreros) très-habiles dans l'art de ciseler le fer et l'acier.

Le peuple de San-Salvador est doux et hospitalier; mais les personnages qui portent habit, la *gente de fraque*, comme l'on dit dans le pays, sont pour la plupart ennemis des étrangers, d'une vanité excessive, lâches et vindicatifs. Ils se font également remarquer par le relâchement de leurs mœurs. Bien que la plupart de ces individus, médecins ou avocats, aient fait leurs études à Guatemala et y aient reçu, en même temps que l'éducation, quelque usage du monde, ils ont constamment conspiré contre cette ancienne capitale de la capitainerie, et soutenu la guerre désastreuse des Indiens factieux : la ruine de Guatemala est leur éternel *delenda Carthago*. Quelques-uns d'entre eux se sont enrichis dans le pillage de cette ville à l'époque de la première invasion de Morazan. Cependant en 1854, à la nouvelle du tremblement de terre qui venait de détruire San-Salvador, les habitants de Guatemala s'empressèrent de réunir une somme considérable qui fut immédiatement envoyée au président pour la distribuer aux familles ruinées. La fertilité du sol, l'avantage de la position stratégique et les attraits d'un site enchanteur firent choisir aux Espagnols l'emplacement de la ville ; mais ils ne tardèrent pas à se repentir. La vallée de San-Salvador s'appelait autrefois *Cuscatlan*, qui en langue indienne signifie *vallée des hamacs*, à cause des oscillations presque continuelles du sol produites par les tremblements de terre. Plusieurs fois San-Salvador eut à souffrir de ces terribles convulsions, mais aucune n'avait eu les tristes conséquences du tremblement de terre de 1854. D'après une disposition des lois espagnoles, les propriétés construites à San-Salvador ne pouvaient être grevées d'hypothèques et n'avaient, par conséquent, qu'une valeur très-éphémère. Le gouvernement de la métropole avait sagement prévu que les établissements de cette ville pouvaient d'un moment à l'autre être renversés et détruits de fond en comble. A l'approche de la saison des pluies et à l'époque de celle où elles se retirent, les tremblements de terre sont fréquents et se suivent quelquefois des mois entiers sans interruption. Aux autres époques de l'année on sent de temps à autre des secousses plus ou moins fortes. Ces secousses sont presque toujours accompagnées d'un bruit souterrain prolongé, qui a quelque analogie avec le roulement du tonnerre ; on l'appelle *retumbo*. On ne peut se faire une idée de la sensation produite par un tremblement de terre, il faut l'avoir éprouvée. Quoique les maisons soient très-basses et construites de manière à résister autant que possible aux mouvements du sol, rien ne peut donner une idée de l'effroi que l'on éprouve lorsqu'un tremblement de terre se fait sentir, surtout au milieu de la nuit. Le bruit des meubles, des portes et des fenêtres, le craquement des poutres semblent annoncer la chute de l'édifice, et l'habitant se sauve dans la cour ou dans la rue en criant miséricorde. Ces alarmes sont continuelles, et pourtant les Salvadoriens ont fini par s'y habituer, de telle sorte, qu'aujourd'hui même, après une catastrophe irréparable, ils construisent de nouveau au milieu des ruines! les autres villes de l'Etat du Salvador sont également sujettes aux tremblements de terre; mais ceux-ci y sont moins forts et moins violents. Il y a environ quatre-vingt-dix ans que le volcan de San-Salvador fit sa dernière éruption. Aujourd'hui son cratère est rempli d'eau et forme une lagune de près d'une lieue de circuit. A un grand quart d'heure de la ville, d'abondantes sources d'eau chaude sortent du milieu des laves et forment une rivière qui mêle ses eaux à peu de distance avec celle du Rio Azalhüate.

Henri ne tarda pas à se mettre en rapport avec les partisans de Morazan. Celui-ci venait de s'embarquer pour Costa-Rica. La réaction triomphait à San-Salvador, et un nouveau président, choisi par Carrera, s'était emparé du gouvernement. En effet, quelque temps après la malheureuse campagne de Guatemala, Carrera entrait à San-Salvador, poursuivait les individus qui s'étaient le plus compromis dans les derniers événements, et remettait le pouvoir à un mulâtre salvadorien, nommé Malespin, dont la figure repoussante, portant la cicatrice hideuse d'un coup de sabre, annonçait les instincts féroces. Malespin était sanguinaire et adonné à l'ivrognerie. On conte de lui des faits tellement révoltants que la plume se refuse à les décrire. Cependant, il sut, pendant quelque temps, gouverner avec sagesse, et réduisit les avocats turbulents au silence le plus absolu. Il aurait pu, malgré ses excès, ramener la prospérité dans l'État; mais il était ambitieux et avide de conquêtes. Il déclara la guerre à l'État de Nicaragua, où les partisans de Morazan s'étaient emparés de Léon, et mit le siége devant cette ville vers la fin de l'année 1844. Henri avait rejoint l'armée de Morazan dans sa dernière expédition à Costa-Rica. Nous avons vu plus haut que les habitants de ce pacifique État ne supportèrent pas longtemps le joug de l'ancien président de la république fédérale et se soulevèrent en masse. Morazan et son second, le général Villasenor, qui avait cherché à se donner la mort dans sa prison, furent fusillés. Villasenor fut conduit mourant sur le lieu du supplice. Les soldats salvadoriens, qu'avait amenés Morazan, prirent la fuite. Le plus grand nombre s'embarqua à Puntarenas, port de Costa-Rica, sur le Pacifique. Les autres traversèrent les montagnes et vinrent par terre à Léon, dans le Nicaragua. Henri était du nombre. Nous ne dépeindrons pas les souffrances qu'il eut à endurer pendant ce pénible voyage. Il fit près de deux cents lieues à pied au milieu des bois et à travers des chemins inaccessibles. A peine arrivé à Léon, il tomba dangereusement malade. Croyant sa dernière heure arrivée, le malheureux jeune homme écrivit une lettre à Dolores qu'il n'avait pas oubliée et qu'il croyait ne plus revoir. Cependant, grâce à sa forte complexion, il se rétablit; mais à peine put-il sortir de la maison où il avait reçu l'hospitalité que la nouvelle de l'expédition de Malespin se répandit dans Léon. Connu comme officier de l'armée de Morazan, il ne pouvait sortir de l'État de Nicaragua, ni même se retirer du côté de Grenade, dont les habitants étaient hostiles aux libéraux, sans s'exposer à se faire arrêter; il ne pouvait non plus abandonner ses frères d'armes. Le général en chef de l'armée léonaise le chargea de diriger les fortifications de la place. A quelques jours de là la ville de Léon était enveloppée par l'armée de Malespin, et la place fut attaquée avec acharnement. Henri commandait l'artillerie et repoussait avec vigueur les assiégeants. Debout, derrière une pièce de canon qu'il venait de faire charger, nu-tête, les cheveux en désordre, le jeune officier pointait dans la direction d'un groupe d'officiers ennemis où Malespin devait se trouver... Le coup part, une immense nuage de fumée l'enveloppe, les balles sifflent à ses oreilles... Tout à coup une femme se précipite à travers les soldats et se jette dans ses bras... c'est Dolores qui vient de faire deux cents lieues pour le retrouver, et qui, après l'avoir vainement cherché, apprend qu'il se trouve parmi les assiégés, exposé à une mort presque certaine... La malheureuse jeune fille n'hésite pas; elle veut à tout prix embrasser encore une fois celui qu'elle aime... Hélas! la pauvre enfant ne devait pas jouir longtemps de son courage et de son dévouement... Henri vient de la reconnaître; il veut l'emporter loin de la brèche et la mettre en sûreté... il était trop tard, une balle venait de lui traverser la poitrine... Dolores était arrivée à temps pour sauver son amant... car cette balle devait le tuer! Henri, devenu presque fou par ce terrible événement, ne voulait point se séparer du cadavre de sa bien-aimée. Elle portait à son doigt l'anneau qu'il lui avait remis à Santa-Anna. En vain chercha-t-il à ranimer le corps ensanglanté de cette belle créature, tous ses efforts furent inutiles... Vierge et martyre, Dolores venait de rendre l'âme.

Les assiégés ne purent résister à l'impétuosité des

troupes salvadoriennes ; ils se rendirent à discrétion. Henri fut fait prisonnier. Jeté dans un étroit cachot avec une vingtaine d'autres officiers, le jeune Français était tombé dans un état d'insensibilité complète. Pendant que ses compagnons d'infortune se lamentaient dans l'attente de leur fin prochaine, Henri, pâle, défait, ne proférait pas une parole et ne répondait pas aux questions qu'on lui adressait. Un prêtre, envoyé par le général pour préparer les prisonniers à la mort, fut frappé de la belle prestance du jeune étranger, de la distinction de ses traits et de l'expression de sa physionomie...— Mon frère, lui dit le prêtre en s'approchant de lui... je suis chargé d'une pénible mission, je viens vous apporter des consolations ; êtes-vous disposé ?... — Mon père, répondit le jeune homme avec calme, je ne crains pas la mort, car vous voyez que je viens de l'affronter. Je suis prêt à vous écouter ; mais, avant tout, je vous demande une grâce. — Laquelle ? fit le prêtre profondément ému. — Celle de faire enterrer mon cadavre à côté de celui d'une jeune fille tuée auprès de moi sur la place... — Mon fils, répond le prêtre espagnol, j'y serais disposé ; mais il faut savoir si cette fille ne sera pas réclamée par ses parents... et vous voudrez bien m'expliquer quelles relations vous aviez... — Suffit, mon père, reprit hautement Henri... Cette femme était ma fiancée ; elle est morte à cause de moi, pure comme Dieu l'a mise au monde. Ses parents sont de Guatemala. Le prêtre promit d'accomplir le vœu de Henri. Celui-ci se confessa et se disposa avec résignation à subir le dernier supplice.

De temps à autre on entendait de sourdes décharges et des clameurs lointaines. Malespin, entouré de son état-major, exalté par l'ivresse, présidait l'exécution de ses prisonniers qu'il accablait de sarcasmes avant de donner à ses soldats l'ordre de faire feu... Lorsque Henri, conduit par six hommes, vint à passer devant lui, il donna l'ordre d'arrêter... — C'est toi, misérable Français qui dirigeais l'artillerie des assiégés, je t'en fais compliment; mais tu étais mal secondé; tu aurais pu servir une meilleure cause. Toi, tu ne mourras pas aujourd'hui, mais tu verras fusiller tes camarades.

En effet, le malheureux jeune homme, les mains liées derrière le dos, vit se débattre devant lui, dans le sang, pêle-mêle, les uns sur les autres, tous ses malheureux compagnons d'armes. Son général en chef fut fusillé le dernier. Henri attendait son tour. Malespin donna l'ordre d'arrêter le carnage et fit reconduire le jeune officier dans son cachot. Quelques personnes charitables, et entre autres le prêtre espagnol, avaient demandé grâce pour l'officier étranger. La présence d'un vaisseau de guerre français à Réaléjo [1] décida Malespin à accorder la grâce qu'on lui demandait. Henri fut conduit sur un mulet par quelques soldats jusqu'au fort de San-Juan de Nicaragua où il parvint à s'échapper.

[1] Port du Nicaragua sur le Pacifique.

. . . .

Henri A..., le chancelier, devait mourir tragiquement. Il y a quelques années, il a été tué aux environs de Lima par un général péruvien dont il avait enlevé la maîtresse. Un romancier ordinaire l'aurait fait mourir à Léon ; cette fin eût été du goût des lecteurs ; mais nous devions rapporter les faits dans toute leur exactitude.

Malespin ne jouit pas longtemps de son triomphe. Il revenait à San-Salvador après avoir saccagé la ville de Léon, lorsque la population se souleva en masse contre lui et sa tête fut mise à prix. Son frère, arrêté dans un faubourg de San-Salvador, fut fusillé par les ordres du président Aguilar ; quant à lui, il trouva la mort dans une ferme où il croyait trouver un refuge. Reconnu par les mosos, il fut tué à coups de machete. Sa tête fut envoyée à San-Salvador où elle resta longtemps exposée dans une cage de fer placée au-dessus de la porte du S.

Ainsi se passent les choses au Centre-Amérique. Quant à M. X..., nous n'en avons plus entendu parler. La belle Pépa, mariée à son cousin Manuel P..., vit paisiblement à Guatemala. Elle regrette sa jeunesse passée à la Havane et pense quelquefois à la fête de Marianao.

Notre but, en écrivant la simple histoire qu'on vient de lire, était d'appeler l'attention de notre pays sur l'Amérique-Centrale. Nous regrettons de ne pas avoir pu entrer dans de plus grands détails sur la géographie, les productions multiples, la population et la politique de ces belles contrées où nos compatriotes pourront quelque jour se livrer avec fruit à l'agriculture, au commerce et à l'industrie. Walker et ses flibustiers viennent de disparaître, et, grâce à la générosité du président de la République de Costa-Rica, ils ont pu retourner sains et saufs dans leur patrie, malgré les crimes de toute sorte dont ils ont désolé l'Etat de Nicaragua. L'issue de cette guerre dégoûtera-t-elle les Américains du Nord de leurs idées de conquête et d'envahissement? les fera-t-elle renoncer à leurs projets ambitieux? nous n'osons l'espérer. Les Centre-Américains comprendront-ils enfin l'intérêt qu'ils ont désormais à former de cinq Etats impuissants une république unique, forte et respectable? Oublieront-ils les haines de parti qui les divisaient naguère et facilitaient ainsi la conquête d'un vaste et riche État par une poignée d'aventuriers? Croyons-le et formons des vœux pour que l'Amérique-Centrale devienne une nation aussi riche et aussi respectable que la République du Chili. Espérons que la France et l'Angleterre protégeront également ces magnifiques contrées contre les envahissements de l'Amérique du Nord et sauront faire respecter leurs sujets d'une manière plus efficace. En ce moment, il est question d'ouvrir une voie ferrée qui doit percer l'Etat de Honduras et réunir les deux océans. Si ce projet se réalise, l'Amérique-

Centrale deviendra le premier pays du monde. L'empereur Napoléon III, qui s'est occupé il y a plusieurs années avec le plus vif intérêt du projet de canalisation de Nicaragua, appréciera cette œuvre gigantesque à sa juste valeur et voudra que la France ait sa part des immenses bénéfices que le commerce européen devra en retirer.

FIN.

TABLE DES MATIÈRES

CHAPITRE VII.

CHAPITRE VIII.

CHAPITRE IX.

CHAPITRE X.

CHAPITRE XI.

CHAPITRE XII.

FIN DE LA TABLE.

St-Denis. — Typ. de Drouard

Saint-Denis. — Typ. de Drouard.

www.ingramcontent.com/pod-product-compliance
Ingram Content Group UK Ltd.
Pitfield, Milton Keynes, MK11 3LW, UK
UKHW012205240726
13966UKWH00002B/597

9 782012 470255